佛山市建设国家森林城市系列丛书

佛山市野生动植物资源调查

佛山市林业局　组织编写

中国林业出版社

图书在版编目(CIP)数据

佛山市野生动植物资源调查 / 佛山市林业局组织编写. --北京：中国林业出版社，2018.8
（佛山市建设国家森林城市系列丛书）
ISBN 978-7-5038-9671-2

Ⅰ.①佛… Ⅱ.①佛… Ⅲ.①野生动物－动物资源－资源调查－佛山 ②野生植物－植物资源－资源调查－佛山 Ⅳ.①Q958.526.53②Q948.526.53

中国版本图书馆CIP数据核字（2018）第166103号

佛山市野生动植物资源调查　　佛山市林业局　组织编写

出版发行：中国林业出版社
地　　址：北京西城区德胜门内大街刘海胡同7号

策划编辑：王　斌
责任编辑：刘开运　张　健　吴文静　　装帧设计：百彤文化传播公司

印　　刷：三河市祥达印刷包装有限公司
开　　本：787 mm × 1092 mm　1/16
印　　张：12.75（其中彩插2个印张）
字　　数：300千字
版　　次：2018年12月第1版 第1次印刷
定　　价：98.00元

《佛山市野生动植物资源调查》编者名单

主　　编：胡羡聪

副 主 编：柯　欢　何持卓

编　　者（按姓氏笔画排序）：

王　宁　玄祖迎　严　萍　吴华俊　何持卓　佟富春

陆皓明　陈仲芳　张仿平　郑明轩　胡羡聪　柯　欢

谢志伟　潘志坚　潘俊杰

组织出版：佛山市林业局

前　言

野生动植物资源是大自然的重要组成部分，它们维系着生态平衡，为人类创造财富。佛山在建设森林城市过程中，尤为注重生物多样性保护，不断加大森林资源管理，积极创造人与自然和谐共处的城市森林环境。

2016年，佛山市林业局启动“佛山市野生动植物资源调查”项目，委托华南农业大学林学与风景园林学院对佛山全市的野生动植物进行调查。项目共调查记录佛山市野生脊椎动物27目75科235种。其中，哺乳类7目15科32种，鸟类15目40科129种，爬行类3目12科48种，两栖类2目7科26种。野生维管植物约195科686属1 038种。其中，蕨类植物27科44属60种，裸子植物9科15属21种，被子植物159科629属957种。

该项目是佛山历史上首次全面、系统的野生动植物资源调查，具有开创性意义，进一步地摸清了全市野生动植物“家底”，科学评价了佛山野生动植物资源情况及影响因子，为佛山乃至珠三角区域城市化发展中野生动植物资源保护和可持续利用、履行国际公约、森林城市建设、国家生态文明示范城市创建等一系列工作提供重要的理论与数据支持。

为巩固佛山市森林城市建设成果，进一步加强森林野生动植物资源保护工作，向世人展现作为制造业发达城市——佛山市丰富多样的动植物“宝库”，佛山市林业局决定集结出版《佛山市野生动植物资源调查》。该专著既可以作为广大学者研究佛山动植物资源的参考资料，也可以作为学生认识佛山动植物资源的科普书籍，具有重要的参考价值。

编委会

2018年10月28日

目 录

第一章 佛山市区域概况

1.1 地理位置和行政区划

佛山市位于广东省中南部，珠江三角洲腹地，介于北纬22°38′～23°34′，东经112°22′～113° 23′之间，东倚广州，西接肇庆，南连江门与中山，北与清远接壤，毗邻香港、澳门。东西最大横距约103 km，南北最大纵距约103 km。佛山市现辖禅城、顺德、南海、三水、高明5个区。全市总面积3 797.72 km^2。

1.2 地形地貌

佛山市地势较为平缓，以三角洲平原和丘陵为主，其次为低山、台地，同时珠江水系两大干流——北江和西江也流经本市。其中，低山和丘陵主要分布在高明和三水北部地区，海拔高度在800 m以下，相对高度100～400 m，坡度平缓；台地主要分布在南海北部，海拔在80 m以下，顶面平齐；三角洲平原集中分布在南海、顺德、禅城3个区，地势较低，组成物质以黏土和细沙为主，其中间或分布少量低丘和台地。最高峰位于高明境内的皂幕山，海拔805 m。

禅城区从张槎至石湾一带海拔20～30 m，多为丘陵、台地，其余为冲积平原，河渠纵横，鱼塘密布。

南海区地势平坦，东西两翼为冲积平原，占该区总面积的82%；北部有低丘及台地；西南部多鱼塘，河道纵横交错，西江从西部边境流过，北江（东平水道）斜贯区境。

顺德区位于珠江三角洲腹地，地势西北高，东南略低，除南部和西部有零星小山外，均为三角洲冲积平原，地势平坦，河涌纵横。

三水区境内西北部多为低山丘陵，中部、东北部为台地平原，坡度平缓，多积水洼池；南部是台地围田，西江、北江的支流绥江流经境内。

高明区地势西南高，东北低，山地、丘陵、平原从西南到东北依次过渡。

1.3 气候条件

佛山市属亚热带季风海洋性气候，冬、春季多东北风，夏季多南风，秋季多刮西北风，日照长，气温高，降水多。

年日照时数1 619.4 h（统计年份为1980—2010年，下同），日照百分率为43%。日照短缺出现在2～4月份，日照最多是7月份。

年平均气温为22.5 ℃，月平均温度最高在7月份，平均29.2 ℃，最低在1月份，平均13.9 ℃，年极端气温最高39.2 ℃，最低−1.9 ℃。

年平均相对湿度76%。无霜期长，年平均霜日3.1天，多出现在12月下旬和1月中旬。年平均降水量1 681.2 mm。降雨主要集中在4～9月份，约占全年降水量的80%。

1.4 土壤条件

佛山市在亚热带生物气候因子的长期综合作用下，成土母岩多形成红色的深厚风化壳，通过不同的成土过程，形成低山、丘陵，台地以赤红壤为主，平原以水稻土为主的土壤类型。

本市的赤红壤因成土条件不同而有很大变化，但具有共同特点。土层深厚，达1.5 m以上，质地较黏重，为壤土至重壤土；盐基高度不饱和，土壤富铝化作用明显：土壤呈酸性至强酸性反应，pH为4.5～5.5；有机质含量以森林土壤较高，达4%～6%，草地土壤为1.5%～3%。赤红壤生产潜力大，是适宜植物生长的良好土壤类型。

第二章　佛山市野生植物资源调查

2.1 调查方法

植被调查主要是对佛山市禅城、南海、顺德、三水、高明5个区的主要山地、林地、湿地进行植物调查，采用了线路调查、样方调查法等常规的植物野外调查方法，查阅资料，对植物标本采集和鉴定，在此基础上整理建立了佛山地区维管植物名录。基于此名录进行科、属、种的数目统计；对区系的地理成分进行分布区类型的分析。

物种多样性的分析主要是在线路调查的基础上，根据不同的海拔、坡向、生境等条件，进行代表性取样调查，数据整理，计算物种重要值，并对群落的α多样性进行计算。

样方设置方法：考虑海拔、坡向等因素，在植被调节剂较好的典型林分中设置样方。取面积20 m × 20 m的样方调查乔木层；在每个乔木样方中设置4个5 m × 5 m的样方调查观察，记录乔木样方中的所有灌木种类；在每个灌木层样方中设置4个1 m × 1 m的样方调查草本植物，记录乔木样方中所有草本种类。记录样方地理位置、海拔、坡向、坡度等，对乔木层样方中胸径（DBH）≥ 2 cm的植株进行每木记录，记录其物种、胸径、株高、冠幅等，灌木层记录物种、多度、盖度、高度等，草本层记录物种、多度、盖度、高度等。

2.2 佛山市野生植物资源与植被类型

2.2.1 维管植物资源概况

2016年1月1日至2016年8月25日，“佛山市野生动植物调查”课题组对佛山市所辖禅城、南海、顺德、三水、高明5个区的主要山地、林地、湿地进行植物调查。据调查统计，共记录佛山市有野生维管植物195科686属1 038种。

其中蕨类植物27科44属60种；裸子植物9科15属21种；被子植物159科629属957种（表2–1）。所有记录植物中，野生植物789种，隶属于171科534属；栽培植物254种，隶属于87科200属；外来植物79种，隶属于34科68属。

表2–1　佛山市维管植物组成概况　（单位：个）

植物类群	科	属	种
蕨类植物	27	44	60
裸子植物	9	15	21
被子植物	159	629	957
合计	195	686	1 038

2.2.2 维管植物科的组成

通过对佛山市维管植物的调查统计可知（表2–2），含20种以上植物的科有8个，占本市植物总科数的4.04%，含植物301种，占本市植物种数的29%；含10～19种植物的科有21个，占本市植物科的10.77%，种数有275种，占本市植物种数的26.49%；含2～9个种的植物科数达到102个，占本市植物总科数的52.31%，所含的种数共有395种，占本市植物总种数的38.05%；单种科共有64种，占区域性的单种科达到64个，占本市植物科数的比例高达6.45%。

表2–2　佛山市维管植物科的统计分析表

科内种的组成	科数	占科总数（%）	种数	占种总数（%）
20种以上	8	4.04	301	29.00
10～19种	21	10.77	275	26.49
2～9种	102	52.31	395	38.05
1种	64	32.82	67	6.45
合计	195	100	1 038	100

对佛山市植物优势科进行统计分析，可以看出（表2–3），佛山市维管植物中所含植物种数排列在前9位的科是禾亚科（Agrostidoideae）、菊科（Compositae）、大戟科（Euphorbiaceae）、蝶形花科（Papilionaceae）、茜草科（Rubiaceae）、桑科（Moraceae）、莎草科（Cyperaceae）、樟科（Lauraceae）等，这9个优势科所含的维管植物种数量占总维管植物种数的30.83%，是佛山地区的优势维管植物代表。

表2–3　佛山市植物优势科统计分析

科名	属数（个）	种数（个）	占总种数（%）
禾亚科	46	62	5.97
菊科	36	47	4.53
大戟科	22	45	4.34
蝶形花科	22	37	3.56
茜草科	21	32	3.08
桑科	7	28	2.70
莎草科	13	27	2.60
樟科	9	23	2.22
蔷薇科	11	19	1.83
合计	187	320	30.83

2.2.3 维管植物属的组成

通过对佛山市维管植物的调查统计可知（表2–4），城区含10种以上植物的属只有1个，为桑科榕属（*Ficus*），占佛山市所有植物属数、种数的0.1%和1.9%；含植物种类较多的属有莎草科莎草属（*Cyperus*）的8种、蔷薇科悬钩子属（*Rubus*）的7种；而紫金牛科的紫金牛属（*Ardisia*）、大戟科的大戟属（*Euphorbia*）、冬青科的冬青属（*Ilex*）、樟科的润楠属（*Machilus*）、木兰科的木兰属（*Machelia*）、蓼科的蓼属（*Polygonum*）都含有6种植物；单种属多达496个，分别占城区绿化植物属、种总数的72.2%和47.5% 。属的分析结果表明少种属和单种属在本区植物构成中占有绝对优势（表2-5）。

表2-4　佛山市维管植物属统计分析

属内的种组成	属数	占总数（%）	种数	占总数（%）
10种以上	1	0.1	20	1.9
2～8种	190	27.7	525	50.6
1种	495	72.2	493	47.5
合计	686	100	1 038	100

表2-5　佛山市植物优势属统计

属名	种数	占总种数（%）
榕属 *Ficus*	20	1.92
莎草属 *Cyperus*	8	0.77
悬钩子属 *Rubus*	7	0.67
紫金牛属 *Ardisia*	6	0.58
大戟属 *Euphorbia*	6	0.58
冬青属 *Ilex*	6	0.58
润楠属 *Machilus*	6	0.58
含笑属 *Michelia*	6	0.58
蓼属 *Polygonum*	6	0.58
簕竹属 *Bambusa*	5	0.48
合计	76	7.32

2.3 佛山市植物资源分析

2.3.1 国家重点保护野生植物和珍稀濒危植物

国家重点保护野生植物是指被《国家重点保护野生植物名录》(第1、2批)中收录的植物。狭义的珍稀濒危植物，是指《中国珍稀濒危保护植物名录》(第1册)、《中国珍稀濒危保护植物》、《中国珍稀濒危植物》、《中国植物红皮书——稀有濒危植物(第1册)中收录的植物。广义的珍稀濒危植物，还包括了《中国物种红色名录》(2004)收录的植物种类、《濒危野生动植物种国际贸易公约—附录Ⅰ、附录Ⅱ、附录Ⅲ》中收录的植物种类(简写的“CITES”)。佛山地区共有各类野生保护植物10科17属17种(表2–6)。

表2–6　佛山市国家重点保护野生植物及珍稀濒危植物一览表

科名	种名	Ⅰ级	Ⅱ级	中国植物红皮书	中国物种红色名录	CITES
蚌壳蕨科	金毛狗 *Cibotium barometz*		√			
乌毛蕨科	苏铁蕨 *Brainea insignis*		√			
桫椤科	黑桫椤 *Alsophila spinulosa*		√			
杉科	水松 *Glyptostrobus pensilis*	√				
樟科	樟树 *Cinnamomum camphora*		√			
瑞香科	土沉香 *Aquilaria sinensis*		√			
苏木科	格木 *Erythrophleum fordii*		√	√		
蒟蒻薯科	箭根薯 *Tacca chantrier*			√		
桑科	见血封喉 *Antiaris toxicaria*			√		
兰科	竹叶兰 *Arundina graminifolia*		√		√	√

（续表）

科名	种名	Ⅰ级	Ⅱ级	中国植物红皮书	中国物种红色名录	CITES
兰科	广东石豆兰 *Bulbophyllum kwangtungense*		√		√	√
兰科	钳唇兰 *Erythrodes blumei*				√	√
兰科	美冠兰 *Eulophia graminea*		√		√	√
兰科	见血青 *Liparis nervosa*		√		√	√
兰科	鹤顶兰 *Phaius tankervilliae*		√		√	√
兰科	绶草 *Spiranthes australis*				√	√
兰科	线柱兰 *Zeuxine strateumatica*				√	√

2.3.2 国家重点保护野生植物和珍稀濒危植物的群落特征

（1）金毛狗

金毛狗主要分布于佛山市高明区和三水区的山地沟谷林中，其他各区保护较好的丘陵山地也偶有分布，是各类保护植物中分布最广的物种之一。而金毛狗所处的群落主要为沟谷常绿阔叶林下，其代表群落特征见表2-7。其代表样地设于三水区九道谷保护区内，样地面积为400 m^2，海拔135 m，经纬度是23°33′41″N，112°50′16.35″E。其主要优势树种是黄牛木（*Cratoxylum cochinchinense*）、假苹婆（*Sterculia lanceolata*）、鸭脚木（*Schefflera octophylla*）等乔木；林下灌木层主要是九节（*Psychotria rubra*）、银柴（*Aporosa dioica*）、毛果巴豆（*Croton lachnocarpus*）等；草本层主要是苏铁蕨、铁芒萁（*Dicranopteris linearis*）、乌毛蕨（*Blechnum orientale*）、短叶黍（*Panicum brevifolium*）等。在生境保护较好的一些林场和保护区中，分布有金毛狗的单优群落。

表2-7　佛山市金毛狗所在群落乔木层主要物种群落特征

优势树种	数量(株)	相对多度RA(%)	相对盖度RC(%)	相对频度RF(%)
黄牛木	8	16.44	15.43	2.16
假苹婆	5	10.32	14.45	2.03
鸭脚木	4	8.65	10.32	1.93
野漆树	2	3.53	7.62	1.83
豺皮樟	2	3.53	4.34	1.73
赤楠	1	1.76	2.90	1.83

（2）苏铁蕨

苏铁蕨在佛山市分布较广，列为国家的Ⅱ级保护植物，在高明、三水、南海区均有分布，主要分布于沟谷阔叶林下潮湿处以及溪流旁。代表样地设于三水区南丹山森林公园，样地面积400 m^2，海拔147 m，地理坐标是23°31′39.35″N，112°52′49.85″E。其优势上层树种是华润楠（*Machilus chinensis*）、鸭脚木、楝叶吴茱萸（*Evodia glabrifolia*）、中华杜英（*Elaeocarpus chinensis*）等乔木；灌木层有二列叶柃（*Eurya distichophylla*）、柏拉木（*Blastus cochinchinensis*）、九节、豺皮樟（*Litsea rotundifolia*）、狗骨柴（*Diplospora dubia*）等；草本层有鳞籽莎（*Lepidosperma chinense*）、竹叶草（*Oplismenus compositus*）、求米草（*Oplismenus undulatifolius*）、玉叶金花（*Mussaenda pubescens*）等。其主要群落特征见表2-8。

表2-8　佛山市苏铁蕨所在群落乔木层主要物种群落特征

优势树种	数量(株)	相对多度RA(%)	相对盖度RC(%)	相对频度RF(%)
华润楠	3	12.40	28.34	3.23
鸭脚木	7	22.00	21.45	10.75
楝叶吴茱萸	5	11.20	10.32	9.68
中华杜英	4	3.53	1.26	3.23
狗骨柴	4	3.53	1.14	3.23
九节	3	2.40	0.30	3.23

（3）黑桫椤、见血青、箭根薯

野生的黑桫椤群落只分布于佛山市高明区合水镇的桫椤自然保护区，主要分布于保护区溪流两旁的常绿沟谷阔叶林下，植物物种组成丰富，根据本地的调查估计在整个群落中的野生黑桫椤个体数约为500株，并有保护植物见血青、箭根薯伴生于样地中，代表群落样地选于该保护区中，样方面积为400 m^2，海拔270 m，坐标为22°45′42.04″N，112°23′39.47″E。其优势树种主要为浙江润楠（*Machilus chekiangensis*）、鱼尾葵（*Caryota ochlandra*）、中华杜英、山杜英（*Elaeocarpus sylrestris*）、黄樟（*Cinnamomum porrectum*）、笔罗子（*Meliosma rigida*）、越南山龙眼（*Helicia cochinchinensis*）等；灌木层有粗叶木（*Lasianthus chinensis*）、鼎湖血桐（*Macaranga sampsonii*）、水锦树（*Wendlandia nvariifolia*）、罗伞树（*Ardisia quindugona*）等；草本层有爱地草（*Geophila herbacea*）、椭圆线柱苣苔（*Rhynohotechum elipticum*）、日本蛇根草（*Ophiorrhiza japonica*）、紫麻（*Oreocnide frutescens*）等。其主要群落特征见表2-9。

表2-9　佛山市黑桫椤、见血清、箭根薯所在群落乔木层主要物种群落特征

优势树种	数量(株)	相对多度RA(%)	相对盖度RC(%)	相对频度RF(%)
浙江润楠	13	38.9	65.1	25.6
鱼尾葵	3	4.5	12.5	3.5
中华杜英	2	3.9	10.4	2.8
山杜英	1	2.3	15.2	1.6
黄樟	1	2.3	3.3	1.6
鸭脚木	1	2.3	3.6	1.6
黄牛木	1	2.3	2.4	1.6

（4）樟树、土沉香

樟树在佛山市高明和三水区有野生的分布，主要分布于这两地的村边风水林中，受到了比较有效的保护。其代表样地设于皂幕山森林公园附近的大田村的村边风水林中，样地面积为400 m^2，海拔153 m，样地坐标为22°44′33.58″N，112°46′14.74″E。乔木层主要树种有红鳞蒲桃（*Syzygium hancei*）、米锥（*Castanopsis chinensis*）、木荷（*Schima superba*）、光叶山矾（*Symplocos lancifolia*）、银柴等；灌木层有茜树（*Aidia cochinchinensis*）、罗伞树、猪肚木（*Canthium horridum*）、五指毛桃（*Ficus hirta*）、银柴等；草本层有淡竹叶（*Cophatherum gracile*）、下延沙皮蕨（*Hemigrama decurrens*）、玉叶金花等。其群落主要特征见表2-10。

表2-10　佛山市樟树、土沉香所在群落乔木层主要物种群落特征

优势树种	数量(株)	相对多度RA(%)	相对显著度DC(%)	相对频度RF(%)
红鳞蒲桃	12	10.54	15.89	4.43
米锥	6	8.13	9.54	3.94
木荷	4	5.54	7.03	1.48
光叶山矾	4	5.54	5.83	1.48
银柴	3	3.23	4.04	1.21
樟树	1	2.40	1.54	0.99

（5）水松

通过调查发现的唯一一株百年以上的水松古树位于顺德区乐从镇平步小学旧址围墙边上，其生境已被人为改变，周围没有原生植被，只有人工栽种的果树和园林树种。该水松整体长势一般，树高约15 m，胸径26 cm。通过走访当地村民，估计树龄为100年。建议就地保护，并通过在树干中输入营养液以补充树体营养，促使其生长的恢复。

（6）见血封喉

调查中记录的唯一一株见血封喉分布于高明区塱坑村后的村边风水林中，该群落属于亚热带常绿阔叶林，群落郁闭度约为0.8，样地面积400 m^2，海拔约81 m，坐标为22°47′55.84″N，112°42′28.19″E。该群落乔木层主要由岭南酸枣（*Spondias lakonensis*）、华润楠、中华杜英、山蒲桃（*Syzygium levinei*）、小果山龙眼（*Helicia cochinchinensis*）、二色菠萝蜜（*Artocarpus styracifolius*）等组成，平均高约15 m；灌木层有广东粗叶木（*Lasianthus curtisii*）、多毛茜草树（*Aidia pycnantha*）、罗伞树、豺皮樟组成，平均高约2.5 m；草本层比较丰富，主要有假蒟（*Piper sarmentosum*）、下延沙皮蕨、半边旗（*Pteris semipinnata*）、金钗凤尾蕨（*Pteris fauriei*）、华山姜（*Alpinia chinensis*）、牛白藤（*Hedyotis hedyotidea*）等组成，高50～80 cm，盖度约80%。其优势层植物群落特征见表2-11。

表2-11　佛山市见血封喉所在群落乔木层主要物种群落特征

优势树种	数量(株)	相对多度RA(%)	相对显著度DC(%)	相对频度RF(%)
岭南酸枣	4	2.02	8.76	3.45
华润楠	6	3.54	7.39	2.59
中华杜英	4	2.02	4.27	2.59
山蒲桃	3	1.52	2.89	0.86
小果山龙眼	4	2.02	1.22	1.72
二色波罗蜜	2	1.01	0.94	1.72

（7）格木、鹤顶兰

格木是我国著名的硬木之一，主要分布于我国广东、广西、福建、台湾等地，在野外较为少见。本次调查发现的一株野生格木，分布于佛山市大南山森林公园的次生林中，而2株鹤顶兰则分布于穿过样地的溪流旁。样地面积400 m^2，海拔162 m，样地坐标为23°23′04.62″N，112°47′44.96″E。样地主要乔木树种由华润楠、黄果厚壳桂（*Cryptocarya concinna*）、鸭脚木、绒毛润楠（*Machilus velutina*）、二色波罗蜜、木荷、黄杞（*Engelhardtia roxburghiana*）、中华锥等组成，平均树高约20 m，郁闭度0.9；灌木层有罗伞树、鼎湖钓樟（*Lindera chunii*）、小盘木（*Microdesmis caseariaefolia*）、广东粗叶木、九节、密毛乌口树（*Tarenna mollissima*）等；草本层有二花珍珠茅（*Scleria biflora*）、沿阶草（*Ophiopogon bodinieri*）、华山姜、下延三叉蕨、沙皮蕨等，平均高度约60 cm，平均盖度为50%。其优势层植物群落特征见表2-12。

表2-12　佛山市格木、鹤顶兰所在群落乔木层主要物种群落特征

优势树种	数量(株)	相对多度RA(%)	相对显著度DC(%)	相对频度RF(%)
华润楠	14	9.33	7.89	7.78
黄果厚壳桂	14	9.33	5.42	5.56
鸭脚木	12	8.00	3.88	6.67
绒毛润楠	6	4.00	5.45	4.44
木荷	4	2.67	6.77	4.44
二色波罗蜜	3	2.00	8.54	2.22
黄杞	5	3.33	4.79	4.44
中华锥	5	3.33	4.55	4.44

（8）竹叶兰、广东石豆兰

佛山市的竹叶兰和广东石豆兰分布于西樵山北坡的沟谷常绿阔叶林林缘的溪流旁，其种群数量相对较多，个体密度也较大，主要生长于溪流旁的向阳坡地。代表样地面积为100 m^2，海拔156 m，样地坐标为22°56′12.18″N，112°57′52.18″E。乔木层只有零星的蒲桃（*Syygium jambos*）、黄牛木和假苹婆。灌木层种类较丰富，主要有水团花（*Adina pilulifera*）、台湾榕（*Ficus formosana*）、米碎花（*Eurya chinensis*）、赤楠（*Syzygium buxifolium*）等；而草本层有竹叶兰、广东石豆兰、灯心草（*Juncus effusus*）、华南谷精草（*Eriocaulon sexangulare*）、鳞籽莎、乌蕨（*Sphenomeris chinensis*）、团叶陵齿蕨（*Lindsaea orbiculata*）等。其群落特征见表2-13。

表2-13　佛山市竹叶兰、广东石豆兰所在群落乔木层主要物种群落特征

优势树种	数量(株)	相对多度RA(%)	相对盖度DC(%)	相对频度RF(%)
竹叶兰	57	9.56	11.16	7.26
广东石豆兰	37	9.02	10.14	4.48
灯心草	68	9.56	8.16	2.42
华南谷精草	49	8.20	4.73	3.23
鳞籽莎	35	5.39	2.77	3.23
乌蕨	32	4.66	2.38	2.42
团叶陵齿蕨	30	4.12	1.22	1.61

（9）钳唇兰

佛山市的钳唇兰分布于王借岗森林公园人工林中。种群数量较多，生长于窿缘桉人工林林下。样地面积为100 m^2，海拔16 m，坐标为23°01′48.36″N，113°01′44.19″E。乔木层树种皆为窿缘桉（*Eucalyptus exserta*），平均高度约16 m，平均胸径约为20 cm，郁闭度0.6；灌木层有土蜜树（*Bridelia tomentosa*）、银柴、龙船花（*Loxa chinensis*）、豺皮樟、九节等，平均高度2.5 m；草本层有乌毛蕨、凤尾蕨、团叶陵齿蕨 、半边旗、小叶海金沙（*Lygodium scandens*）、玉叶金花、淡竹叶等。其群落特征见表2-14。

表2-14　佛山市钳唇兰所在群落草本层主要物种群落特征

优势树种	数量(株)	相对多度RA(%)	相对盖RC(%)	相对频度RF(%)
乌毛蕨	5	2.71	38.03	7.37
凤尾蕨	63	15.86	5.26	6.32
团叶陵齿蕨	80	16.32	2.32	5.26
半边旗	43	7.85	3.11	4.21
小叶海金沙	17	2.09	0.69	3.16
玉叶金花	15	0.39	0.13	3.16
淡竹叶	7	0.18	0.06	4.21
钳唇兰	4	0.10	0.57	3.16

（10）绶草、美冠兰、线柱兰

绶草、美观兰、线柱兰等兰科植物在佛山市各区均有分布，本书调查在王借岗森林公园（23°01′47.48″N，113°01′39.26″E）、云勇林场（22°46′34.73″N，112°39′09.21″E）发现其踪迹。其主要生长于缺乏维护、人为干扰较少的园林绿化草坪上。一般于每年春季南方气温回升、降水较多时，开花结果，平时因其叶片矮小狭窄难以引人注意。与这3种兰科植物伴生的植物主要为瓶尔小草（*Ophioglossum vulgatum*）、小叶海金沙、三点金（*Desmodium triflorum*）、假地豆（*Desmodium heterocarpon*）、黄鹌菜（*Youngia japonica*）、革命菜（*Gynura crepidioides*）、狗牙根（*Cynoden dactylon*）、结缕草（*Zoysia japonica*）、两耳草（*Paspalum conjugatum*）等常见的草坪杂草。

2.3.3 珍稀濒危植物的保护

对珍稀濒危植物进行保护是为了生物资源的可持续利用，保护也是发展的一部分。许多珍稀濒危植物可通过推广、应用来达到保护的目的。佛山分布的珍稀濒危植物，不仅具有重要的科研价值，而且也具有较高的经济价值。包括观赏植物、芳香植物和药用植物等种类，其中水松、黑桫椤等都是理想的观赏植物。对于这些观赏种类，可通过组织培养等方法来增加苗木生产，以便能推广应用这些珍稀植物，同时起到保护作用。另外，土沉香是著名的香料植物，在广东地区具有悠久的栽培应用历史，野生种已极其少见。此外，一些植物具有传统的药用价值，可作为生物制药的原材料，如见血封喉，除作为珍贵的观赏植物外，在医药上已显现出潜在的开发前景。因此，合理保护和开发利用这些珍贵的植物，具有重要的科研和经济价值。

2.3.3.1 濒危的原因

（1）植物的生物学特性

一些植物由于生物体自身的原因不能正常开花结果，或果实成熟后受到其他物种（如传粉昆虫等）的影响不能正常的生长发育。如水松的种子发芽率较低，繁殖能力较差。

（2）过度的采收利用

在这些珍稀植物中，许多是极有价值的植物种类，如桫椤属的植物，可以治疗肺病、风湿等病症，除此之外其茎干可加工成工艺品或作为栽培兰花的基质材料。在这些利益的驱使下人们对其滥加采伐，致使其处于渐危状态。另外，如著名的香料作物土沉香，其树脂可提取珍贵香料，因此也同样被大量滥伐，使其在野外的数量锐减。还有一些优良的观赏植物如竹叶兰、石豆兰、苏铁蕨等，都因为过度的采集利用而使其生存受到威胁。

（3）生境的破坏

每种生物的生存都需要特定的生活环境，一旦环境受到破坏，其生存也就受到了威胁。在佛山市，由于发展经济的需要，许多地方的自然环境受到了破坏，许多植物物种的生境遭到极大的改变。如蕨类植物是生长发育需要潮湿的环境条件，但当周围的环境被破坏后，水源逐渐消失，空气变得干燥，从而导致一些珍贵的蕨类植物濒临灭绝。20世纪60年代以前黑桫椤在佛山市西北部山区分布较广，但由于原生植被的破坏，生境受到严重影响，许多黑桫椤的种群已经消失。目前，仅发现有种群存活于高明区鹿田村后的沟谷阔叶林中。

2.3.3.2 **保护措施**

在佛山市分布的10多种珍稀濒危植物中，部分起源古老，对于研究植物系统发育学有重要价值，如黑桫椤和水松。黑桫椤是非常古老的一类蕨类植物，在古生代至中生代曾盛极一时，后因地质变迁、冰川侵袭而几乎灭绝，现存种类也比较稀少，有“活化石”之称，对于研究蕨类植物的进化和地壳演变等方面具有十分重要的科学意义。此外，竹叶兰、石豆兰、鹤顶兰、美冠兰、见血青等兰科植物也是重要的保护物种，在国际上被列入《濒危野生动植物种国际贸易公约》（CITES）名录，受到国际社会的共同关注和保护。针对佛山市现存珍稀濒危植物的现状，提出以下几点保护建议。

（1）加强野生植物资源保护的法制建设

首先要完善野生植物资源保护法规体系。近年来，我国曾颁布了环境保护和植物保护的相关法律和条文，但有关生物资源的保护和利用的法规尚不完善。佛山市应制定相关的地方法规和文件，严禁破坏自然环境，使野生生物资源的管理逐步完善并日益制度化和法制化。其次应加强法制宣传教育，通过多途径提高决策者和地方群众对自然环境的认知水平，普及相关植物资源管理，提高野生植物特别是珍稀濒危植物保护的观念，并通过电视、网络媒体、印发小册子和出版科普读物等方法来进行宣传。通过自然保护区、引种园、植物园等集休闲、娱乐和科普基地于一身的园区进行现场的宣传教育。最后要严格执行国家相关的植物资源保护条例和地方性法规，对破坏野生植物资源和国家珍稀濒危植物的行为予以打击。

（2）加强野生植物资源开发与利用的科学研究

为了有效地保存、维护和发展大自然留给人类的宝贵财富，应查明现状，开展专题或综合的调查和考察，使广大人民群众及相关单位的工作人员了解佛山珍稀濒危植物的种类和大致现状及致濒原因，从而采取有效的保护措施。另外，对珍稀濒危植物的濒危理论研究也是十分需要的。

（3）封山育林，建立一定数量的自然保护区

历史上，佛山市曾拥有较大面积的原始森林。根据鹿田村林业工作人员介绍，20世纪50年代以前当地是大树遮天蔽日、溪水长流的原始林，但由于人为因素影响，尤其是近20年的开垦种果树和桉树，使附近的原始林几乎丧失殆尽。目前仅剩下一些板块状的次生林地，许多原生的动植物不复存在。因此必须采取封山育林的措施对现存的次生林进行保护，使自然植被和生物多样性得到恢复和发展，这是佛山生物多样性可持续发展的基本保障。

通过调查发现，佛山市的珍稀濒危植物物种，除黑桫椤分布于高明区合水桫椤自然保护区中，其余的物种都基本分布于拟升级改造成保护区的森林公园内，因此加快佛山市自然保护区的建设是一项比较紧迫的任务，以便这些保护植物能在保护区中得到更有效的就地保护。如皂幕山作为佛山地区的最高峰，植被保存比较完整，动植物资源比较丰富。在这些地方设立、升级自然保护区，对于保存种质资源、保护佛山市的生态环境、维护大气碳氧平衡等方面都具有重要的意义。

表2-15　佛山市珍稀濒危植物及保护措施

序号	种名	致濒因素	保护措施
1	金毛狗 *Cibotium barometz*	过度采伐，生境破坏	就地保护
2	苏铁蕨 *Brainea insignis*	生境破坏	就地保护
3	黑桫椤 *Alsophila spinulosa*	过度采伐，生境破坏	就地保护
4	水松 *Glyptostrobus pensilis*	过度采伐，生境破坏	就地保护

（续表）

序号	种名	致濒因素	保护措施
5	樟树 *Cinnamomum camphora*	过度采伐，生境破坏	就地保护
6	土沉香 *Aquilaria sinensis*	过度采伐，生境破坏	就地保护
7	格木 *Erythrophleum fordii*	过度采伐，生境破坏	就地保护
8	箭根薯 *Tacca chantrier*	生境破坏	就地保护
9	见血封喉 *Antiaris toxicaria*	生境破坏	就地保护
10	竹叶兰 *Arundina graminifolia*	过度采伐，生境破坏	就地或迁地保护
11	广东石豆兰 *Bulbophyllum kwangtungense*	过度采伐，生境破坏	就地或迁地保护
12	钳唇兰 *Erythrodes blumei*	生境破坏	就地保护
13	美冠兰 *Eulophia graminea*	生境破坏	就地或迁地保护
14	见血青 *Liparis nervosa*	生境破坏	就地或迁地保护
15	鹤顶兰 *Phaius tankervilliae*	过度采伐，生境破坏	就地或迁地保护
16	绶草 *Spiranthes australis*	生境破坏	就地保护

2.3.4 外来植物

外来植物（Alien plants）相对与本地植物（乡土植物）而言，指的是在一定区域内，历史上没有自然发生分布而被人类活动直接或间接引入的物种、亚种或低级分类群，包括这些物种能生存和繁殖的任何部分、配子或繁殖体。根据调查并参考了相关的研究资料，发现佛山地区有外来植物共有99种，隶属于41科82属（表2-16），占佛山市调查发现所有种数的9.53%。

其中薇甘菊（*Mikania micrantha*）被列入《中华人民共和国植物检疫性有害生物名录》；空心莲子草（*Alternanthera philoxeroides*）、薇甘菊和凤眼莲（*Eichhornia crassipes*）等4种植物为原国家环境保护总局2003年公布的首批9种外来入侵植物；薇甘菊、三裂蟛蜞菊（*Wedelia triloba*）、银合欢（*Leucaena leucocephala*)、马缨丹(*Lantana camara*)和风眼莲等5种植物被IUCN列入世界上最有害的100种外来入侵种。

在科水平上，菊科、含羞草科、桃金娘科、紫葳科、夹竹桃科的所含的外来植物数量较多。外来植物中，大部分是作为观赏、粮食或饲料作物被人为引种的，调查发现有62种该类植物，隶属于27科53属，占总数的62.6%。如作为观赏植物引种的南洋杉(*Araucaria cunninghamia*)、腊肠树(*Cassia fistula*)、黄花风铃木(*Tabebuia chrysantha*)等；作为用材树种引种的尾叶桉、柠檬桉；作为油料作物引种的蓖麻(*Ricinus communis*)等。部分外来植物逸生到野外成为恶性杂草，如风眼莲、五爪金龙(*Ipomoea cairica*)、马樱丹等。部分植物从境外自然侵入，如薇甘菊、假臭草(*Eupatorium catarium*)等。

表2–16　佛山市外来植物统计

科名	种名	原产地[1)]	习性[2)]
南洋杉科	*肯氏南洋杉(猴子杉)*Araucaria cunninghamia*	O.T.W.	T
南洋杉科	*南洋杉 *Araucaria heterophylla*	O.T.W	T
杉科	*池杉 *Taxodium ascendens*	Am.	T
杉科	*落羽杉(落羽松)*Taxodium distichum*	Am.	T
胡椒科	草胡椒 *Peperomia pellucida*	Am.	H
商陆科	美洲商陆 *Phytolacca americana*	Am.	H
藜科	土荆芥 *Chenopodium ambrosioides*	Am.	H
苋科	美洲虾蚶菜 *Alternanthera paronychioides*	T. Am.	H
苋科	空心莲子草 *Alternanthera philoxeroides*	S. Am.	H
苋科	凹头苋 *Amaranthus blitum*	T. Am.	H
苋科	刺苋 *Amaranthus spinosus*	T. Am.	H
苋科	皱果苋 *Amaranthus viridis*	T. Am.	H

（续表）

科名	种名	原产地[1)]	习性[2)]
苋科	青葙 *Celosia argentea*	T. Am.	H
酢浆草科	红花酢浆草（大酸味草）*Oxalis corymbosa*	S. Am.	H
紫茉莉科	*宝巾（簕杜鹃、叶子花）*Bougainvillea glabra*	S. Am.	S
紫茉莉科	紫茉莉（胭脂花、午时花）*Mirabilis jalapa*	S. Am.	H
山龙眼科	*银桦 *Grevillea robusta*	O.T.W.	T
西番莲科	三角西番莲 *Passiflora suberosa*	T. Am.	H
番木瓜科	*番木瓜（木瓜、万寿果）*Carica papaya*	T. Am	H
桃金娘科	*红千层 *Callistemon rigidus*	O.T.W.	T
桃金娘科	*串钱柳 *Callistemon viminalis*	O.T.W.	T
桃金娘科	*柠檬桉 *Eucalyptus citriodora*	O.T.W.	T
桃金娘科	*尾叶桉 *Eucalyptus urophylla*	O.T.W.	T
桃金娘科	*黄金香柳 *Melaleuca bracteata 'Revolution Gold'*	O.T.W.	T
桃金娘科	*白千层 *Melaleuca leucadendra*	O.T.W.	T
野牡丹科	*巴西野牡丹 *Tibouchina semidecandra*	T. Am.	S
使君子科	*使君子 *Quisqualis indica*	India	S
木棉科	*美人树（美丽异木棉）*Ceiba insignis*	S. Am	T
大戟科	*蓖麻 *Ricinus communis*	Af.	S
含羞草科	*台湾相思 *Acacia confusa*	O.T.W.	T
含羞草科	*马占相思 *Acacia mangium*	O.T.W.	T
含羞草科	*大叶相思 *Acacia auriculaeformis*	O.T.W.	T

（续表）

科名	种名	原产地[1)]	习性[2)]
含羞草科	*南洋楹 *Albizzia falcata*	T. As.	T
含羞草科	银合欢 *Leucaena leucocephala*	T. Am	T
含羞草科	含羞草 *Mimosa pudica*	T. Am	S
含羞草科	*簕仔树 *Mimosa sepiaria*	T. Am	S
苏木科	望江南 *Cassia occidentalis*	Am.	S
苏木科	*腊肠树 *Cassia fistula*	T. As	T
蝶形花科	*遍地黄金 *Arachis pintoi*	T. Am.	H
木麻黄科	*木麻黄（驳骨松）*Casuarina equisetifolia*	O.T.W.	T
葡萄科	*锦屏藤 *Cissus sicyoides*	T. Am.	S
五加科	*澳洲鸭脚木 *Schefflera actinophylla*	O.T.W.	T
茜草科	阔叶丰花草 *Borreria latifolia*	S. Am.	H
夹竹桃科	*软枝黄蝉 *Allemanda cathartica*	T. Am	T
夹竹桃科	*黄蝉 *Allemanda neriifolia*	T. Am	S
夹竹桃科	*夹竹桃 *Nerium indicum*	P.	S
夹竹桃科	*鸡蛋花 *Plumeria rubra cv. Acutifolia*	Am.	S
夹竹桃科	*黄花夹竹桃 *Thevetia peruviana*	P.	S
菊科	钻形紫菀 *Aster subulatus*	N. Am.	H
菊科	鬼针草 *Bidens pilosa*	T. Am.	H
菊科	白花鬼针草 *Bidens pilosa*	T. Am.	H
菊科	加拿大蓬（小白酒草、小飞蓬）*Conyza canadensis*	N. Am.	H
菊科	苏门白酒草 *Conyza sumatrensis*	T. Am.	H

（续表）

科名	种名	原产地[1]	习性[2]
菊科	假臭草 *Eupatorium catarium*	T. Am.	H
菊科	*薇甘菊 *Mikania micarantha*	T. Am.	H
菊科	裸柱菊 *Soliva anthemifolia*	P.	H
菊科	金腰箭 *Synedrella nodiflora*	T. Am.	H
菊科	*肿柄菊 *Tithonia diversifolia*	T. Am.	H
菊科	羽芒菊 *Tridax procumbens*	T. Am.	H
菊科	*美洲蟛蜞菊（三裂叶蟛蜞菊）*Wedelia trilobata*	T. Am.	H
旋花科	五爪金龙 *Ipomoea cairica*	T. Am.	H
旋花科	三裂叶薯 *Ipomoea triloba*	T. Am.	H
玄参科	野甘草（冰糖草）*Scoparia dulcis*	T. Am.	H
紫葳科	*蓝花楹 *Jacaranda mimosifolia*	T. Am.	T
紫葳科	*吊瓜树 *Kigelia africana*	T. Am.	T
紫葳科	*木蝴蝶 *Oroxylum indicum*	T. Am.	T
紫葳科	*菜豆树 *Radermachera sinica*	T. Am.	T
紫葳科	*火焰树（火焰木）*Spathodea campanulata*	T. Am.	T
紫葳科	*黄花风铃木 *Tabebuia chrysantha*	T. Am.	T
爵床科	*虾衣花 *Beloperone guttata*	T. Am.	S
爵床科	*可爱花 *Eranthemum nervosum*	T. Am.	S
爵床科	*翠芦莉 *Ruellia brittoniana*	T. Am.	S
爵床科	*黄脉爵床 *Sanchezia parvibracteata*	T. Am.	S
马鞭草科	*假连翘 *Duranta repens*	T. Am.	S

（续表）

科名	种名	原产地[1)]	习性[2)]
马鞭草科	*金叶假连翘 *Duranta repens cv. Dwarf Yellow*	T. Am.	S
马鞭草科	马缨丹（五色梅）*Lantana camara*	T. Am.	S
唇形科	*洋紫苏（五彩苏）*Coleus scutellarioides*	T. Am.	H
唇形科	吊球草 *Hyptis rhomboidea*	T. Am.	H
唇形科	*一串红（西洋红）*Salvia splendens*	T. Am.	H
雨久花科	凤眼莲（水葫芦）*Eichornia crassipes*	T. Am.	H
天南星科	*龟背竹 *Monstera deliciosa*	T. Am.	H
天南星科	*春羽 *Philodendron selloum*	T. Am.	H
天南星科	大薸 *Pistia stratiotes*	S.Am.	H
天南星科	*白蝴蝶 *Syngonium podophullum cv. White Butterfly*	T. Am.	H
石蒜科	*朱顶兰 *Hippeastrum vittatum*	T. Am.	H
石蒜科	*水鬼蕉 *Hymenocallis littoralis*	T. Am.	H
龙舌兰科	*朱蕉 *Cordyline terminalis*	P.	S
龙舌兰科	*金心巴西铁 *Dracaena fragrans cv. Massangeana*	T. Am.	S
龙舌兰科	*酒瓶兰 *Nolina recurvata*	T. Am.	T
棕榈科	*假槟榔 *Archontophoenix alexandrae*	O.T.W.	T
棕榈科	*散尾葵 *Dypsis lutescens*	T. Af.	S
棕榈科	*大王椰子 *Roystonea regia*	C. Am.	T
棕榈科	*老人葵 *Washingtonia filifera*	N. Am	T
莎草科	*风车草 *Cyperus alternefolius ssp. flabelliformis*	T. Af.	H

（续表）

科名	种名	原产地[1)]	习性[2)]
禾亚科	大黍 *Panicum maximum*	T. Af.	H
禾亚科	两耳草 *Paspalum conjugatum*	T. Am.	H
禾亚科	*象草 *Pennisetum purpureum*	T. Af.	H
禾亚科	红毛草 *Rhynchelytrum repens*	S. Af.	H
禾亚科	棕叶狗尾草 *Setaria palmifolia*	T. Af.	H

注：1）Af.：非洲；Am.：美洲；C. Am.：中美洲；E.：欧洲；India：印度；N. Am.：北美洲；O.W.T.：旧世界热带；P.：泛热带；S. Af.：非洲南部；S. Am.：南美洲；T. Af.：热带非洲；T. Am.：热带美洲；T. As.：热带亚洲。

2）T：乔木；S：灌木；H：草本。

“*”表示该种为栽培种。

对佛山市外来植物的原产地进行分析可知，原产自美洲的植物共有70种，占所有外来植物种数的70.1%，根据徐海根（2004）的统计资料，我国目前有记录的入侵植物有177种，原产美洲地区的种类最多，达到108种，占总数的61%。佛山市的外来植物以源自美洲所占据的比例最高，有学者认为这与我国华南地区与热带美洲有相似的气候和环境条件，而入侵地缺乏原产地具备的天敌和生态平衡控制机制的有效约束，因此导致原产美洲的外来植物能在华南地区迅速繁殖、传播（邢福武，2002）。

佛山市的外来植物生长习性按照其生活型，可划分为乔木、灌木、草本3个主要类型。其中以草本的种数最多，有46种，占46.5%；其次为乔木，有31种，占31.3%；灌木有22种，占22.2%。根据以往关于外来植物的研究结果，草本植物通常在外来植物的组成中占较高的比例，其次是灌木。而本书调查的结果与前人的研究有一定的差异，乔木的种数比灌木的种数要高，这可能是把引种栽培的行道树树种列入统计范围，使得外来乔木类植物的比例有所上升。

2.4 佛山市植被类型分析

根据群落各层次的优势种和群落外貌特征，佛山市区域植被可以划分为2个植被型，6个群系，17个群落(表2–17)。其中，自然(次生)植被主要有南亚热带季风常绿阔叶林、南亚热带常绿针阔混交林、南亚热带常绿矮树灌草丛和南亚热带湿地草丛；人工植被主要有人工常绿林、城市人工绿地和农业植被。

表2–17　佛山市植被类型统计

植被类型	群系	群落
自然植被	南亚热带季风常绿阔叶林	浙江润楠+鱼尾葵–九节–金毛狗群落
		华润楠+白楸+假萍婆（黄樟／假柿木姜子）–罗伞树–金毛狗群落
		腺叶野樱+假苹婆(阴香)–银柴+九节–蔓生莠竹群落
		米锥+荷木–光叶山黄皮–针毛蕨群落
	南亚热带常绿针阔混交林	马尾松+潺槁木姜子(台湾相思)+光叶山矾–土密树–芒萁群落
		马尾松+山乌桕+二列叶柃–桃金娘+九节–乌毛蕨群落
		马尾松+鸭脚木(荷木)–银柴+九节–乌毛蕨群落
	南亚热带常绿矮树灌草丛	潺槁+白楸+桃会娘+野牡丹–芒箕群落
		银柴+土密树+桃金娘–芒箕群落
	南亚热带湿地草丛	扁穗莎草+畦畔莎草群落

（续表）

植被类型	群系	群落
人工植被	人工常绿林	马尾松林
		杉木林
		相思林
		桉树林
		蘩蒴林
		竹林
	农业用地	农业园、基塘

2.4.1 自然植被

2.4.1.1 南亚热带季风常绿阔叶林

（1）浙江润楠+鱼尾葵–九节–金毛狗群落［Comm. *Machilus chekiangensis+Caryota ochlandra-Psychotria rubra-Cibotium barometz*］

该群落分布于海拔150～250 m的丘陵、低山上，在高明的鹿田、鹿洞山、皂幕山，南海的西樵山，三水的大南山、九道谷、大坑山等地成片分布。该群落是南亚热带季风常绿阔叶林中发育比较好的类型，森林生态环境优越，为红色砖红壤性土或黄红色砖红壤性土，林内溪水常流，环境湿润、温度适宜。林下灌草和藤本植物生长茂盛，植被覆盖率高。群落的高度一般在20～25 m，群落外貌终年呈深绿色，以常绿树种为主，落叶或半落叶成分较少，无季相的变化。该群落的优势种主要有浙江润楠、鱼尾葵、山杜英、笔罗子（*Meliosma rigida*）、黄樟（*Cinnamomum parthenoxylum*）、黄毛榕（*Ficus fulva*）等。

（2）华润楠+白楸+假苹婆（黄樟 / 假柿树）–罗伞树–金毛狗群落［Comm. *Machilus chinensis+Mallotus paniculatus(Cinnamomum parthenoxylum/ Litsea monopetala)-Ardisia quinquegona-Cibotium barometz*］

该群落主要分布在高明、三水两区的山地密林，海拔在200～480 m。此外，在高明的鹿田森林公园和云勇林场也有少量分布。该群落是南亚热带季风常绿阔叶林中发育良好的群落类型，也是佛山市所调查的植物群落中受人为干扰最少、物种最多、长势最好的群落。其森林生态环境优越，土壤肥沃，以铁质砖红壤为主，林内有溪水流淌，环境湿润。在高明皂幕山以白楸、华润楠、鼠刺（*Itea chinensis*）和黄毛榕分布最广，长势最好；在三水大南山以白楸、假苹婆和黄樟分布最广，长势最好。

（3）大叶桂樱+假苹婆（阴香）–银柴+九节–蔓生莠竹群落［Comm. *Laurocerasus zippeliana+Sterculia lanceolata(Cinnamomum burmanni)-Aporosa dioica+Psychotria rubra-Microstegium fasciculatum*］

该群落以南海西樵山云路村海拔290 m的村后林为代表，该群落以大叶桂樱、阴香为优势种。该群落以狮山和西樵山为主要分布地。群落乔木优势种主要有大叶桂樱、阴香、朴树、银柴等。草本层种类贫乏，以蔓生莠竹和半边旗（*Pteris semipinnata*）为主，但盖度较大。藤本植物种类不多，但分布较广泛。

（4）米锥+荷木–光叶山黄皮–针毛蕨群落［Comm. *Castanopsis carlesii+Schima superb-Aidia canthioides-Macrothlypteris toressiana*］

该群落主要分布在南海西樵山海拔230～300 m的山地中，此外，高明的云勇林场、鹿洞山也有分布。其群落密度稀疏，乔木层层次分明，灌木层主要是乔木的幼苗，数量不多，草本层种类较多，但盖度小。

2.4.1.2 南亚热带常绿针阔混交林

（1）马尾松+潺槁木姜子（台湾相思）+光叶山矾–土密树–芒萁群落［Comm. *Pinus massoniana+Litsea glutinosa(Acacia confusa)+Symplocos chinensis- Bredelia monoica-Dicranopteris pedata*］

该群落主要分布在顺德区的矮丘之上，如顺峰山和均安生态乐园等地；三水区大南山、大坑山也有零星分布。由于顺德区对林业保护比较重视，为该群落提供了良好的生存环境，使其枝繁叶茂、遮天蔽日。但群落植被高度普遍偏低，最高层平均只有8 m，最高株也只有10 m，这主要是因为当地林业人员采取有效手段，对该群落森林进行林相改造。当地林业人员以马尾松为先锋树种改造荒山，等马尾松生长到一定规模，采取“开林窗”的办法，砍掉马尾松，改种乡土阔叶林，以便更好地改造地力，保护森林资源，使之达到协调、持续发展，因此，形成了目前以幼树为主的针阔叶混交林。

（2）马尾松+山乌桕+二列叶柃–桃金娘+九节–乌毛蕨群落［Comm. *Pinus massoniana+Sapium discolor+Eurya distichophylla- Rhodomyrtus tomentosa-Blechnum oriental*］

该群落主要分布在南海、三水和高明的山区，在海拔较低的禅城、顺德两区罕有分布。群落乔木分高低两层，层次明显。高乔木层平均12 m，高度均匀，密度稀疏，主要是马尾松，偶有零星木荷交错分布。低乔木层平均高4 m，种类和数量更多，以山乌桕和二列叶柃为主。灌木种类较少，以桃金娘和九节占绝对优势。草本层盖度5%，平均高度0.8 m，以乌毛蕨为主。

（3）马尾松+鸭脚木（荷木）–银柴+九节–乌毛蕨群落［Comm. *Pinus massoniana+Schefflera octophylla(Schima superb)-Aporosa dioica+Psychotria rubra-Blechnum orientle*］

该群落主要位于高明低海拔（低于300 m）的丘陵和山地上，在皂幕山、合水鹿田、云勇林场、三水大南山均有分布。其群落结构简单，层次分明。乔木分两层，高层平均16 m，以马尾松为主，也有部分杉木分布；低层平均3 m，以鸭脚木为主，偶有光叶山黄皮、假鹰爪（*Desmos chinensis*）等。灌木层主要是银柴、桃余娘和九节。草本植物以乌毛蕨等蕨类植物为主。

2.4.1.3 南亚热带常绿矮树灌草丛

（1）潺槁木姜子+白楸+桃金娘+野牡丹–芒萁群落［Comm. *Litsea glutinosa+Mallotus paniculatus+Rhodomyrtus tomentosa +Melastoma candidum-Dicranopteris pedata*］

该群落属亚热带稀树灌丛植被，主要分布在受人为因素干扰而反向演替的台地、丘陵地区。该群落内的矮树灌草以潺槁木姜子、白楸、桃金娘、野牡丹为主，平均株高1.3 m，盖度40%，也有少量山黄麻（*Trema tomentosa*）、土密树（*Bredelia monoica*）、鸭脚木。由于这种灌草群落生物量低，生态作用弱，在坡地植被覆盖度低的情况下，易发生水土流失，使土地质量下降。

（2）银柴+土密树+桃金娘–芒萁群落［Comm. *Aporosa dioica+Bredelia monoica+Rhodomyrtus tomentosa-Dicranopteris pedata*］

该群落也是在人为干扰较大的条件下形成的矮树灌草丛，主要分布在三水区鹿洞山森林公园、南海区西岸林场的阳坡坡地、西樵山南坡及各区岗台地的灌丛山坡。该群落的群落结构因生境不同而呈现两种现象。一种分布在土层较厚的坡地，群落高3～4 m，郁闭度85%，群落优势种为银柴、土密树、桃金娘。另一种分布在土层较薄的坡地，群落高12 m，覆盖度50%～70%，伴生有野牡丹、芒萁等；某些地段还有栽培种台湾相思和尾叶桉（*Eucalyptus urophylla*）。

2.4.1.4 南亚热带湿地草丛

扁穗莎草+畦畔莎草群落［Comm. *Cyperus compressus+Cyperus haspan*］

该群落适合在土壤湿度较高的环境中生长，常出现在浅水坑塘、河岸、水库周边等湿生环境。在高明的云勇林场、三水大南山等山地洼地和水库、水沟边、河漫滩地均有零星分布。组成种类除扁穗莎草、畦畔莎草之外，常见种还有草龙（*Ludwigia hyssopifolia*）、露籽草（*Ottochloa nodosa*）、短叶茳芏（*Cyperus malaccensis*）、马唐（*Digitaria sanguinalis*）、鸭跖草（*Commelina communis*）、高杆珍珠茅（*Scleria terrestris*）、类芦（*Neyraudia reynaudiana*）、五节芒（*Miscanthus floridulus*）等。群落高0.4～1 m，覆盖率80%～100%。

2.4.2 人工植被

2.4.2.1 人工常绿林

（1）马尾松林［Comm. *Pinus massoniana*］

马尾松是泛热带常绿针叶林中的最常见种之一，在佛山市分布十分广泛，但大部分与其他常绿阔叶树形成针阔叶混交林。少部分的单一的马尾松林主要分布在三水大南山、高明云勇林场、顺德顺峰山等地，树干挺直，树冠呈锥形，株高多在8～16 m，胸径10～25 cm，林下的灌木和草本植物以桃金娘和芒萁最常见。

这些马尾松林一部分为人工林，另一部分为亚热带常绿阔叶林受破坏后而成的次生林。马尾松林适生范围广，对土壤适应性强，具有耐干旱、耐贫瘠的优点，又喜欢阳光充足的生态环境，在低海拔的丘陵和山地生长良好，是佛山市无林地造林较好的先锋树种，同时也是重要的用材林树种。但马尾松林吸取土壤营养的能力过强，对土地肥力消耗快，长期种植会导致地力下降，土壤更加贫瘠，因此，适合采取与乡土阔叶树混生。

（2）杉木林［Comm. *Cunninghamia lanceolata*］

佛山市的杉木林全部是人工林，主要分布在高明的皂幕山、云勇林场、合水鹿田、三水大南山以及南海西岸林场等地。群落林冠整齐，树干挺直，株高一般10～15 m，胸径15～20 cm，林下灌木和草本植物常见的有九节、桃金娘、黑面神（*Breynia fruticosa*）、艾胶算盘子（*Glochidion lanceolarium*）、乌毛蕨和芒萁等。杉木是佛山市最主要的用材林种之一，适合气候湿润阴凉、土壤肥沃的环境。适宜在海拔300～1 000 m的丘陵和山地上生长，因此，在佛山市海拔300 m以上的坡地、山脊上都有少量种植。杉木林难以天然更新，砍伐后向天然次生林方向演替。

（3）相思林［Comm. *Acasia* spp.］

相思林主要组成种类有台湾相思、大叶相思和马占相思，其中以台湾相思最多。相思林多与马尾松林和桉树林混种，纯林很少。它们在台地、丘陵、低山都有栽种，多零散分布，以顺德和南海区分布最为集中。适应性比较广泛。树高一般10～15 m，胸径15～20 cm，林下植被也较茂密。相思林木可用作板材、纸浆用材和薪炭燃料，同时对改良土壤和涵养水源也有较好的作用。

（4）桉树林［Comm. *Eucalytus* spp.］

桉树林在佛山市分布十分普遍，所在地多为岗台地和丘陵，土层较厚，以各区的低海拔山地都有栽植，以三水区、高明区等山地较多的地区分布最为集中。佛山市桉树林主要种类是窿缘桉（*Eucalyptus exserta*）、尾叶桉（*Eucalyptus urophylla*）和柠檬桉（*Eucalyptus citriodora*），高20 m左右，胸径20～25 cm，结构较简单。林下普遍较空旷。在入口多，干扰严重的地方，枯枝落叶被扒走，有些地方林下变成光板地。但在人为干扰较少的地方，桉树林下同样也有灌草生长，灌草层主要有栀子（*Gardenia jasminoides*）、九节、菝葜（*Smilax china*）、钩藤（*Uncaria rhynchophylla*）、梅叶冬青（*Ilex asprella*）、玉叶金花（*Mussaenda pubescens*）等。

（5）黧蒴林［Comm. *Castanopsis fissa*］

黧蒴林林主要分布在佛山市高明区的云勇林场、皂幕山、鹿洞山山坡，在其他地区鲜有分布。该群落是同一时期栽种的人工林，因此林种单一，林冠整齐，乔木分两层，上层平均高度10 m，下层平均高度5 m。林下灌木以次生的黧蒴林幼苗为主，伴生有少量的五指毛桃（*Ficus hirta*）、梅叶冬青、豺皮樟（*Litsea rotundifolia* var. *oblongifolia*）等。草本植物稀疏，盖度较小，主要为芒萁、半边旗、鸡眼藤（*Morinda umbellata*）等。

（6）竹林［Comm. *Bambusa* spp.］

佛山市的竹林以纯林为主，群落外貌终年常绿，林冠整齐，乔木通常只有一层。散布在村边、水边和阔叶林边缘地带，主要是人工栽培，多为小片分布。由青皮竹（*Bambusa textilis*）、撑篙竹（*Bambusa pervariabilis*）、粉单竹（*Bambusa chungii*）等组成，其中以青皮竹数量最多、最常见。青皮竹多生于河岸、丘陵坡地土层深厚的地段，生长快。2～3年可成林，一般株高5～12 m，杆粗3～6 cm，杆直，密丛生。林下空旷，灌木和草本植物不多。

2.4.2.2 农业用地

佛山市的农业用地包括园地(荔枝园以及其他农业园)、基塘(水稻田以及养殖塘)和农田3大类，主要分布在三水、南海、顺德三区地势较低的矮丘和三角洲平原。农业用地全部属人工种植或养殖，植被群落种类贫乏，结构单一，但分布面积较广。

2.5 佛山地区植物多样性评价及保护措施

2.5.1 西部和西北部山区

（1）植物多样性特点

该区域森林生态系统完整，植物多样性丰富，以自然(次生)森林植被为主，主要群落类型为浙江润楠+鱼尾葵群落、短花序楠+白楸群落、银柴+土密树群落。由于林地面积较大，城市化水平较低，区域植被受人为干扰较少，是佛山市植被保护最好、生态功能最优的地区，对维护和保障佛山市的生态安全起着重要作用。

由于该区域林分组成以自然(次生)植被为主，因此，具有区别于佛山市其它区域植被的优越性。这些次生植被群落由主林层、亚林层、林下灌木层、草本层组成，地面上有枯枝落叶层覆盖，各种植被的根系纵横交错，形成一个立体的生态防护网。在有机物质和无机物质的多层次循环中，已形成一个比较完善的能量和物质转换的平衡系统，对病虫害有自身的免疫、适应和内部调解功能。该区域的次生植被能有效减少雨水对地面的冲刷，减少地表径流，充分发挥其涵养水源、保持水土、降低风速、调节气候、净化空气、减少噪音等生态作用。

(2)保护措施

该区生物多样性保护的重点是对现有的生态系统进行保护。在保护生态系统完整的前提下，遵循自然规律和经济规律，有计划、有步骤地开发生态资源。具体措施如下：

第一，加大保护力度，重点保护合水鹿田的桫椤自然保护区。桫椤是个古老的蕨类种群，目前所知仅有几种残存于世，对研究生物进化与地史变迁均有重要价值，本属的植物均被列为国家Ⅱ级重点保护植物。高明区的合水鹿田有一定数量的黑桫椤分布，并已建立县级自然保护区，可适当扩大保护范围，改造周围缓冲区和实验区的林分状况；申报晋升市级自然保护区，加大保护力度，并适当开发生态旅游，使保护区建设进入良性循环轨道。

第二，禁止一切导致生态功能继续退化的开发活动和其他人为破坏活动，禁止一切产生严重环境污染的工程项目建设；严格限制工业门类，工业集中在镇区发展，防止遍地开花。

第三，走生态经济型发展道路，对已破坏的重要生态系统，要结合生态环境建设措施，认真组织重建与恢复，防止生态环境恶化。

总之，该区域的生物多样性保护以保护自然生态系统为主，尽量减少人为干扰，在保护环境的前提下，可适度地开发生态林业。如果保护措施得当，该区域可以最少的经济投入服务整个佛山市的局部小气候和生态环境，成为佛山市重要的“绿肺”。

2.5.2 中部地区

（1）植物多样性特点

该区域是界于西部、北部森林绿地与东部、南部城市河网区之间的过渡区域，城镇密度较低，区域绿地以自然(次生)植被与人工林相结合的混合林为主。主要群落类型有岭南黄檀+南酸枣群落、朴树+假苹婆群落、米槠+荷木群落、马尾松+山乌桕群落、马尾松+鸭脚木群落、潺槁木姜子+野牡丹群落、马尾松林、湿地松林、杉木林等，人为干扰大幅度加强，人工林面积增大，与次生林交错分布。该区域内有西江、北江两大河流主干道，因此具备良好的生态条件，如能对此区域生物多样性的开发利用进行合理控制，则既可以保证其自然景观和生态功能的发挥，又能通过开发旅游、农业园、林场等途径实现一定的经济价值。如管理控制不当，则可能造成该区域植被系统遭到破坏，逐渐退化为矮林或灌木林。因此，该区域既是佛山市区域植被的缓冲地带，又是生态屏障区，需加强保护意识，严格控制不合理的干扰活动。

（2）保护措施

该区域生物多样性保护的重点在于控制不合理的人类活动，对已破坏植被进行有效的恢复和防止森林植被的继续破坏。具体措施如下：

第一，加大保护乡土树种资源力度。该区域是珠江三角洲地带性自然次生林面积保存较大的地区，多以村边“风水林”形式存在，这是佛山市最为宝贵的自然资源之一，对保护村庄、涵养水源、改善区域生态环境、调节小气候、保护生物多样性等均有重要意义，并可为该区域今后的林分改造提供资源。

第二，恢复植被。充分利用自然的力量来恢复森林植被，同时辅助以必要的人工措施，管、封、造相结合。在公益林建设中，尽可能的减轻对次生植被的破坏，多树种配置，进行针阔、乔灌、灌草等多种形式的混交，最终形成完善的立体生态系统，全面提高林地的生态功能。对于立地条件差，林地较贫瘠、现状林分为疏残林或稀树灌丛的地段，应选择具有根瘤的树种，如大叶相思、杨梅（*Myrica rubra*）等，或较耐贫瘠的树种如荷木、黧蒴、降真香（*Acronychia pedunculata*）等，以期快速改善林地状况。对目前已为针叶林且林分生长良好的地段，可先把林分间至郁闭度为0.4～0.6，而后选用适宜的乡土树种进行改造。在森林资源管护过程中，切忌皆伐和炼山，要科学合理加快森林资源培育的速度，提高森林质量，有效恢复植被。

2.5.3 东部、南部城市和河网区

（1）植物多样性特点

该区域是佛山市经济基础最好的区域，城镇工业企业相对密集，基础设施相对齐全，但由于人类活动频繁，植被系统处于一种不稳定的状态，形成了比较典型的城市生态系统。其区域植被主要由3部分构成：一部分是分布在岗台地上的混合林，大部分以人工林为主，间或分布少量次生林，但大都遭到严重破坏，残存的次生林以幼林为主；另一部分是农田、园地、湿地等耕作区，主要分布在城市郊区，为城市中心区生态系统服务；第三部分是完全由人工设计、改造的各种公园、旅游度假区，其植被和景观绝大部分是人工成分，天然次生林十分少见，如禅城的石湾公园。这3部分城市绿地虽各有特点，但都具有一个共同特征，即以人工林为主，自然生态系统结构简单，功能脆弱，自我调节能力弱。与天然林相比，由于天敌种类和数量的不足，在抵御病虫害方面处于明显的弱势。在抵御森林火灾方面也远不如天然林。在防止和减少地表径流以及减缓地质灾害方面，由于枝叶、根系的不足，也远不及天然林分。

（2）保护措施

该区域生物多样性的保护应把生态系统重建和维护作为重点，特别是要加强保护城市绿地斑块。绿地斑块由于强调人工园林与自然生物群落的有机结合，因而对于保护生物多样性具有许多有利条件，如斑块空间的异质性、

斑块类型的多样化等，都能为城市植被生物多样性的丰富和发展奠定优越的基础。具体措施如下：

第一，提高绿地斑块的生物多样性。绿地斑块建设时要提高植物的多样化原则，物种配置要以本土和天然为主。最理想的方法是在城市中，让野生植物在相当面积的待绿化土地上生长起来，形成颇具自然景观的野花、野草、野灌木甚至野树林地带，形成“自然绿化”。这样不仅使得现代化城市与自然共存，而且自然绿化避免了人工绿化的施肥、撒药，保护了环境。

第二，提高绿地斑块的类型多样性。斑块类型的多样性是景观多样性的一个方面，一般地说随着斑块类型多样性的增加，物种多样性也增加。因此保护该区域的生物多样性首先要保护生境斑块和各种各样的生态系统，多样性的生态园林为生物多样性的存在和发展提供了生境条件。在规划创建各类型绿地斑块时，要充分考虑生态上的科学性，因地制宜地发展多种绿地斑块。

第三，提高绿地斑块的空间异质性。空间异质性与物种多样性密切相关，包括环境多样性和生物群落结构多样性。绿地斑块内环境越多样化，所能提供给生物的生境就越多。因此在绿地斑块的建设和维护过程中，要根据生态学原则实行乔木、灌木、藤本、草本植物相互配置，充分利用空间资源，建设多层次、多结构、多功能科学的植物群落，构成一个稳定的、长期共存的复层混交立体植物群落。

第四，保护城市自然遗留地和自然植被斑块，建设城市自然保护区。城市自然遗留地和自然植被是具有地带性特征的群落，含有丰富的乡土植物，与野生动物也有较好的生态关系，生物多样性潜力大。它们也可恢复和重建城市自然生态景观、保存物种资源和群落结构模式，对这类斑块应予以重点保护。

第五，进行河网区立体绿化。以城市群为核心的河网区景观，一个很突出的特征就是高楼林立，线条生硬且阻隔视线，使人有一种置身于“灰色森林”的压力感。可采用楼顶绿化、墙面绿化、屋顶绿化、阳台绿化等多种方法增加绿视率，给人以清新悦目之感，消除因工作紧张、住房拥挤等引起的精神压力，还可以减轻大气污染，改善小气候，发挥其生态效益及美学功能。

第三章　佛山市野生动物资源调查

3.1 野生动物资源调查方法

调查研究所运用的调查方法，以国家林业局野生动植物保护与自然保护区管理司和国家林业局调查规划设计院编制的《全国第二次陆生野生动物资源调查与监测技术规程》为依据，采用实地调查、访问与查阅资料相结合的方法。本书中野生动物的地理区划参考《中国动物地理》[1]。

调查方法主要采用样线法和文献检索法，辅以样方法和访问法。采用全球定位系统手持定位仪对采集到的或观察到的动物进行定位，记录其经纬度、海拔高度、生境特征、样线长度，并用相机对物种及生境拍照，供物种鉴定时参考。在掌握实地调查资料的同时，注重间接资料的采集，并访问当地工作人员或周边地区长期生活的居民，对访问结果加以核实，确保考察结果的真实性。

3.1.1 哺乳类调查

大多数中小型野生哺乳类动物善于隐蔽，昼伏夜出。因此往往难以直接观测到，需要根据粪便、脚印或其他痕迹来判断具体物种。

（1）调查方法

样线调查法：在样线单侧宽度20～25 m范围内进行观察，步行速度1～2 km/h，记录动物实体、痕迹、粪便、巢穴以及叫声等。对于所有的动物踪迹均做详细记录。

访问调查法：对当地人进行无诱导式访问调查，让被访问者描述出其所知的野生动物种类及其鉴别特征、生态习性及分布状况，对访问调查所得信息综合分析，判断出物种分布情况。

（2）鉴定与分类

哺乳类野生动物的物种分类及鉴定以《中国哺乳动物种和亚种分类名录与分布大全》[2]和《中国哺乳动物图鉴》[3]为参考，并辅以《中国兽类野外手册》[4]。动物踪迹辨认参考《中国兽类踪迹指南》[5]。

3.1.2 鸟类调查

（1）调查方法

鸟类的野外调查主要采用路线统计法。设20条路线，单侧宽度为40 m，以步行调查，行走速度1～2 km/h，使用全球定位系统手持定位仪进行样线轨迹记录和距离测量，用双筒望远镜观察和相机辅助拍摄，辅以鸟类鸣叫、飞行姿势、生态习性和羽毛等辨认。调查时间集中在6:00～10:00和15:00～19:00[6]。

森林型和灌丛型鸟类大多在森林公园及自然保护区，这些动物分布集中，可采用样点法中的不固定半径法进行调查。此类调查在各区的森林公园和自然保护区等地点设置样点，每个样点调查30 min。调查时，先目测、寻叫声，使用10倍双筒望远镜巡视，在条件允许情况下，使用长焦镜头的照相机拍摄动物的图片，以供记录或识别。

访问调查过程中，用“非诱导”的方法，对护林员、有经验的村民、周边社区群众进行访问，然后凭野外经验、查阅资料和实地考察确定访问到的物种。

（2）鉴定与分类

鸟类的鉴别主要依据《中国鸟类野外手册》[7]；分类系统主要依据《中国鸟类分类与分布名录》[8]和《中国鸟类图鉴》[9]。

3.1.3 爬行类和两栖类调查

（1）调查方法

爬行类和两栖类的调查方法主要有野外调查法以及访问调查法。由于爬行类和两栖类动物的生境和活动时间都具有特殊性和季节性，因此调查时应针对其代表性生境和时间段。调查地点主要为其典型生境，包括林地、山谷溪流、人类活动区（路边、村落、农田、晒场、水利设施等）。一般上午、下午及夜间这3个时间段为爬行类和两栖类动物活动高峰期，因此调查时间包括日间及夜间（上午9:00～12:00，下午14:00～16:00，夜间20:00～23:00）。

调查主要采用样线法进行，由于南方山地的地形相对复杂，只能在调查区域可到达的地区设置样线。样线单侧宽度为10 m，步行调查，速度1～2 km/h。在样线范围内，采取目视遇测法（Visual Encounter Surveys），运用感官在调查范围内搜索爬行类和两栖类动物信息，包括动物的活体和尸体、留下的痕迹，如蛇蜕、洞穴、卵等；并对每条样线在不同时段重复调查2次。

夜间调查采用头灯、强光电筒等照明工具寻找，调查路线包括林间小路、公路、水塘及溪流，特别注意路线两旁的枯叶堆、石块下、倒木下、树洞、石洞等，这些是爬行类和两栖类动物喜欢躲藏的小生境。同时要通过观察、采集样本来记录爬行类和两栖类动物的数量和种类，并详细记录样线内的生境类型等。

访问调查过程中，用“非诱导”的方法，对护林员、有经验的村民、周边社区群众进行访问，然后凭野外经验、查阅资料和实地考察确定访问到的物种。

（2）鉴定与分类

爬行类：爬行类野生动物的物种鉴定及分类系统依据《中国爬行动物图鉴》[10]、《中国蛇类（上、下）》[11]及《广东两栖动物和爬行动物》[12]。

两栖类：两栖类野生动物的物种鉴定及分类系统依据《中国动物志两栖纲》（上卷）[12]、《中国动物志两栖纲》（中卷）[13]、《中国动物志两栖纲》（下卷）[14]和《广东两栖动物和爬行动物》。

3.2 野生动物调查结果与分析

调查记录到佛山市共有野生脊椎动物27目75科235种，其种数占广东省884种的26.58%。其物种组成为哺乳类7目15科32种，鸟类15目40科129种，爬行类3目12科48种，两栖类2目7科26种（表3–1）。

表3–1 佛山市野生脊椎动物物种组成

动物类群	佛山市			广东省种数	占广东种数比例（%）	中国种数	占中国种数比例（%）
	目	科	种				
哺乳类	7	15	32	124	25.81	673	4.75
鸟类	15	40	129	555	23.24	1 371	9.41
爬行类	3	13	48	141	34.04	462	10.39
两栖类	2	7	26	64	40.63	406	6.40
合计	27	75	235	884	26.58	2912	8.07

哺乳类中，国家Ⅱ级保护动物有穿山甲（*Manis pentadactyla*）和小灵猫（*Viverricula indica*），有广东省重点保护动物食蟹獴（*Herpestes urva*）、红颊獴（*Herpestes javanicus*）、豹猫（*Felis bengalensis*）、豪猪（*Hystrix hodgsoni*）；根据《国家保护的有益的或者有重要经济、科学研究价值的陆生野生动物名录》(以下简称“三有名录”)，记录到15种哺乳类。

鸟类中，国家Ⅱ级保护动物有黑冠鹃隼（*Aviceda leuphotes*）、赤腹鹰（*Accipiter soloensis*）、松雀鹰（*Accipiter virgatus*）、黑耳鸢（*Milvus migrans*）、普通鵟（*Buteo buteo*）、蛇雕（*Spilornis cheela*）、鹊鹞（*Circus melanoleucos*）、

游隼（*Falco peregrinus*）、红隼（*Falco tinnunculus*）、白鹇（*Lophura nycthemera*）、褐翅鸦鹃（*Centropus sinensis*）、小鸦鹃（*Centropus toulou*）、草鸮（*Tyto capensis*）、鹰鸮（*Ninox scutulata*）、领角鸮（*Otus bakkamoena*）、领鸺鹠（*Glaucidium brodiei*）、斑头鸺鹠（*Glaucidium cuculoides*）、雕鸮（*Bubo bubo*）和长耳鸮（*Asio otus*）；广东省重点保护动物有10种，分别为苍鹭（*Ardea cinerea*）、牛背鹭（*Bubulcus ibis*）、栗苇鳽（*Ixobrychus cinnamomeus*）、池鹭（*Ardeola bacchus*）、小白鹭（*Egretta garzetta*）、夜鹭（*Nycticorax nycticorax*）、绿鹭（*Butorides striatus*）、黑水鸡（*Gallinula chloropus*）、黑尾蜡嘴雀（*Eophona migratoria*）、黄胸鹀（*Emberiza aureola*）；根据“三有名录”，记录到101种鸟类。

爬行类中，有国家Ⅰ级重点保护动物有蟒蛇（*Agkistrodon acutus*）；广东省重点保护动物1种，平胸龟（*Platysternon megacephalum*）。

两栖类中，有国家Ⅱ级重点保护动物有虎纹蛙（*Rana tigrina*）；广东省重点保护动物有2种，为棘胸蛙（*Rana spinosa*）和沼水蛙（*Rana guenopleura*）。根据“三有名录”，记录到25种两栖类。

3.2.1 哺乳类

（1）物种多样性

调查记录到哺乳类野生动物32种，隶属于7目15科。以物种数统计，佛山的哺乳类动物占全国已记录哺乳类动物总种数（673种）的4.75%；占广东全省已记录哺乳类动物总种数（124种）的25.81%。以分类阶元统计，佛山市的哺乳类主要以啮齿目（RODENTIA）（4科13种）和食肉目（CARNIVORA）（3科9种）为主，分别占佛山市哺乳类动物总种数的40.61%和28.13%；其次是翼手目（CHIROPTERA）的2科4种，占总种数的12.50%；再次是食虫目（INSECTIVORA）和偶蹄目（ARTIODACTYLA）的2科2种，均占总数的6.25%；最后鳞甲目（PHOLIDOTA）、兔形目（LAGOMORPHA），均只有1科1种，各占总数的3.13%（表3-2）。

表3-2 佛山市哺乳类不同分类阶元组成

目	科数	种数	占哺乳类种数比例(%)
食虫目INSECTIVORA	2	2	6.25
翼手目CHIROPTERA	2	4	12.50
鳞甲目PHOLIDOTA	1	1	3.13
食肉目CARNIVORA	3	9	28.13
兔形目LAGOMORPHA	1	1	3.13
啮齿目RODENTIA	4	13	40.61
偶蹄目ARTIODACTYLA	2	2	6.25
合计	15	31	100.00

(2)区系特征

在中更新世，我国哺乳类南北方的分异已经基本稳定，其界线大约位于秦岭山脊[15]。佛山哺乳类动物的区系以东洋界为主，共21种，占佛山哺乳类动物总种数的65.63%；其次为广布种，共7种，占21.88%；古北界物种4种，占12.5%。能够清楚看到佛山的哺乳类动物区系明显以东洋界物种占优势，这与张荣祖[15]对该区系的描述是相符合的。

(3)优势度分析

记录到的32种哺乳类野生动物中，优势种(占总数10%以上)2种，分别是褐家鼠(*Ruttus norvegicus*)和小家鼠(*Mus musculus*)；常见种(点总数的1%～10%)13种，分别是臭鼩(*Suncus murinus*)、普通伏翼(*Pipistrellus pipistrellus*)、小菊头蝠(*Rhinolophus blythi*)、果子狸(*Paguma larvata*)、食蟹獴等；其余均为稀有种13种(1%以下)，如穿山甲、小灵猫和山蝠(*Nyctalus noctula*)等。

(4)珍稀濒危保护物种

①珍稀濒危保护级别

野生哺乳类动物中，有国家Ⅱ级重点保护动物2种，即穿山甲和小灵猫；

广东省重点保护动物4种，分别为食蟹獴、红颊獴、豹猫和豪猪，大部分（3种）为食肉目动物。

根据“三有名录”，记录到15种哺乳动物，即鼬獾、黄腹鼬、豹猫和野猪（*Sus scrofa*）等；根据中国濒危动物红皮书，列入易危（V）物种的有穿山甲和豹猫；中国生物多样性红色名录，列入近危（NT）的有山蝠（*Nyctalus noctula*）和果子狸；根据中国物种红色名录，记录到濒危（EN）的1种，近危（NT）的1种，易危（VU）的5种，合计7种。

根据IUCN物种红色名录，记录到濒危（EN）2种，近危（NT）和易危（VU）各1种，合计4种。根据CITES公约，记录到附录Ⅱ的物种1种，即穿山甲，列入附录Ⅲ的物种6种，即黄腹鼬、果子狸、食蟹獴、红颊獴、小灵猫和豹猫。从受危种数及其所占比例来看，哺乳类是佛山市濒危动物中的主要类群之一，其中鲮鲤科（Manidae）、灵猫科（Viverridae）和猫科（Felidae）动物的濒危程度较高。

②国家级重点保护野生动物

a. 穿山甲（*Manis pentadactyla*）

鳞甲目鲮鲤科（Manidae）；国家II级重点保护野生动物；中国物种红色名录：EN；IUCN：EN；CITES：附录II。

体长约30～100 cm，雌性体长较雄性短，头部细长，无牙齿。除腹部外，身上布满瓦状角质鳞片，嵌接成行。四肢粗短，有强壮的爪子，便于挖洞。舌头可以一直穿过咽部通到胸腔中。

栖息于湿润的森林、灌丛等环境，昼伏夜出，除育仔期外，无长久居住，随觅食时所挖洞穴而居。听觉差而嗅觉甚灵，能在地面识别蚁巢所在。遇敌或受惊时，以腹裹头。善挖洞，戳穿部分蚁巢而食。主食白蚁，亦食其他昆虫的蛹、卵。

由于人们认为穿山甲鳞片有药用、滋补作用，导致人们对其捕猎过度，目前在佛山已经很难见其踪迹，资源数量极少。

b. 小灵猫（*Viverricula indica*）

食肉目灵猫科（Viverridae）；国家II级重点保护野生动物；中国物种红色

名录(CSRL)(2004):VU;IUCN:LC;CITES:附录Ⅲ。

小灵猫外形与大灵猫相似，比家猫略大，尾长一般超过体长的一半。基本毛色以棕灰、乳黄色为主。尾巴的被毛通常呈白色与暗褐色相间的环状，尾尖多为灰白色。

独居夜行性，食性较杂，主要以动物性食物为主，以植物性食物为辅。有擦香的习性，常将香囊中的分泌物涂擦在树干、石壁等突出的物体上。在佛山主要分布在皂幕山、鹿洞山、合水栦椤自然保护区等地。

小灵猫的灵猫香被夸大为一种药材，还可用于香料，所以遭受了过度猎捕，同时经常被人类捕来食用。小灵猫本身捕食鼠类，容易被人类的有毒灭鼠药物危害健康。

由于野生动物资源可以作为贫困地区人们的收入来源，要想解决这类问题，必须严格实行法律保护，并且加以宣传。宣传内容要多样化，比如针对小孩子要从“爱心”着手，制作可爱精美的动画和记录片；针对大众，要多从“安全”角度分析，让他们明白吃野味有风险；针对学生，则要结合“生态”多角度具体分析，让他们明白保护野生动物不仅仅是一种善举，还是为了生态系统的可持续性发展，符合社会发展的规律。

c. 食蟹獴(*Herpestes urva*)

食肉目灵猫科；国家“三有名录”保护野生动物；广东省重点保护动物；中国物种红色名录(CSRL):NT;IUCN:LC;CITES:附录Ⅲ。

食蟹獴周身毛为黑色与棕色相间。吻部及眼周的毛甚细而短，呈棕色。两颊、额部、头顶及耳均披较长的深褐及棕白相间的毛。自口角经两腮，颈侧到两肩各有一条白毛形成的纵纹。

喜栖于山林沟谷及溪水旁，多利用树洞、岩隙作窝。早晨或黄昏出洞觅食。经常雌雄相伴，有互相救助的习性。佛山分布于合水栦椤自然保护区和皂幕山等地。

食蟹獴毛皮常被用于制作服饰，还可以制造高级胡刷和油画笔。肉鲜美、具有营养。獾油可制成药，对烧伤有作用。

d. 红颊獴（*Herpestes javanicus*）

食肉目灵猫科；国家“三有名录”保护野生动物；广东省重点保护动物；IUCN：LC。

红颊獴体似松鼠，毛色麻褐色，两颊棕红，尾长，为体长的80%以上，体毛为浅棕与褐黑色相间，毛尖多为浅灰白色，外观为麻色，绒毛棕黄色，腹毛污棕色。

栖息于热带或热带性丘陵山地的灌丛中，多在下层近水溪的耕地附近出现，自挖土穴或占据洞穴而居。昼行性。主食小动物，善于捕食蛇、鼠。佛山仅分布于合水杪椤自然保护区等地。

其毛皮可以制裘。在印度，人们喜欢饲养它来对抗毒蛇。

e. 豪猪（*Hystrix hodgsoni*）

啮齿目豪猪科（Hystricidae）；国家“三有名录”保护野生动物；广东省重点保护动物。

豪猪背部到尾部均披着利箭般的棘刺，臀部上的棘刺长得更粗、更长、更多，其中最粗者宛若筷子，最长约达0.5米，每根棘刺的颜色都是黑白相间，很是鲜明。还有一个非常肥胖的身躯和锐利的牙齿，鼠一般的嘴脸。

豪猪能迅速地将身上的锋利棘刺直竖起来，一根根利刺，如同颤动的钢筋，互相碰撞，发出唰唰的响声；如果敌害在这种情形下仍不听警告继续向豪猪进攻，豪猪就会调转屁股，倒退着长刺向敌人冲去。针毛上长着带钩的刺，敌害如果被刺中，针毛就会留在肌肉里，疼痛难忍。狼、狐狸等碰上豪猪，都不敢轻易去惹它。佛山市豪猪的分布主要在皂幕山、合水杪椤自然保护区等地。

f. 中华竹鼠（*Rhizomys sinensis*）

啮齿目竹鼠科（Rhizomyidae）；国家“三有名录”保护野生动物；广东省重点保护动物；IUCN：LC。

中华竹鼠身体粗状，头部钝圆，吻部较大。眼小，耳小隐于毛内。四肢粗短，爪强而锐利。尾短小，上下均长有稀疏的毛。营穴居生活，昼伏夜出。植食性动物。在佛山主要分布于保护区和森林公园等有大面积竹林等区域。

佛山市哺乳类动物资源统计数据详见表3–3。

表3–3 佛山市哺乳类动物资源统计*

物种分类阶元	动物区系	保护级别	“三有动物名录”	中国濒动红书	国危物皮	中生多性录	国物样名	中国物种红色名录	IUCN	CITES附录
Ⅰ 食虫目 INSECTIVORA										
1. 鼩鼱科 Soricidae										
（1）臭鼩 *Suncus murinus*	O								LC	
2. 鼹科 Talpidae										
（2）华南缺齿鼹 *Mogera insularis*	O								LC	
Ⅱ 翼手目 CHIROPTERA										
3. 蝙蝠科 Vespertilionidae										
（3）普通伏翼 *Pipistrellus pipistrellus*	C								LC	
（4）山蝠 *Nyctalus noctula*	P					NT				
4. 菊头蝠科 Rhinolophidae										
（5）小菊头蝠 *Rhinolophus blythi*	O									
（6）鲁氏菊头蝠 *Rhinolophus rouxii*	P								LC	
Ⅲ 鳞甲目 PHOLIDOTA										
5. 鲮鲤科 Manidae										
（7）穿山甲 *Manis pentadactyla*	O	Ⅱ		V				EN	EN	Ⅱ
Ⅳ 食肉目 CARNIVORA										
6. 鼬科 Mustelidae										
（8）黄鼬 *Mustela sibirica*	C		√						LC	

（续表）

物种分类阶元	动物区系	保护级别	“三有动物名录”	中国濒危动物红皮书	中国物种生物多样性名录	中国物种红色名录	IUCN	CITES附录
（9）鼬獾 *Melogale moschata*	O		√			VU	LC	
（10）黄腹鼬 *Mustela kathiah*	O		√			VU	LC	Ⅲ
（11）猪獾 *Arctonyx collaris*	C						NT	
7．灵猫科 Viverridae								
（12）小灵猫 *Viverricula indica*	O	Ⅱ				VU	LC	Ⅲ
（13）果子狸 *Paguma larvata*	C		√		NT			Ⅲ
（14）食蟹獴 *Herpestes urva*	O	Ⅲ	√			NT	LC	Ⅲ
（15）红颊獴 *Herpestes javanicus*	O	Ⅲ	√			VU	LC	Ⅲ
8．猫科 Felidae								
（16）豹猫 *Felis bengalensis*	O	Ⅲ	√	V		VU	LC	Ⅲ
Ⅴ 兔形目 LAGOMORPHA								
9．兔科 Leporidae								
（17）华南兔 *Lepus sinensis*	O		√				LC	
Ⅵ 啮齿目 RODENTLA								
10．松鼠科 Sciuridae								
（18）隐纹花松鼠 *Tamiops swinhoei*	O		√					
（19）红颊长吻松鼠 *Dremomys rufigenis*	O		√				LC	
11．豪猪科 Hystricidae								
（20）豪猪 Hystrix hodgsoni	P	Ⅲ	√					

（续表）

物种分类阶元	动物区系	保护级别	“三有动物名录”	中国濒危动物红书	国家危物皮	中国生物多样性名录	中国物种红色名录	IUCN	CITES附录
12. 竹鼠科 Rhizomyidae									
（21）银星竹鼠 *Rhizomys pruinosus*	O							VU	
（22）中华竹鼠 *Rhizomys sinensis*	O		√					LC	
13. 鼠科Muridae									
（23）巢鼠 *Micromys minutus*	P							EN	
（24）社鼠 *Rattus confucianus*	O		√					LC	
（25）褐家鼠 *Rattus norvegicus*	C							LC	
（26）黄毛鼠 *Rattus rattoides*	O							LC	
（27）黄胸鼠 *Rattus flavipectus*	O								
（28）小家鼠 *Mus musculus*	C							LC	
（29）针毛鼠 *Rattus fulvescens*	O							LC	
（30）板齿鼠 *Bandicota indica*	O							LC	
Ⅶ 偶蹄目 ARTIODACTYLA									
14. 猪科 Suidae									
（31）野猪 *Sus scrofa*	C		√					LC	
15. 鹿科 Cervidae									
（32）赤麂 *Mutiacus muntjak*	O		√					LC	

*动物区系：O表示东洋界物种，P表示北古届物种，C表示广布种。保护级别：Ⅰ代表国家一级重点保护野生动物，Ⅱ代表国家二级重点保护野生动物，Ⅲ代表广东省重点保护野生动物。“三有动物名录”:《国家保护的有益的或者有重要经济、科学研究价值的陆生野生动物名录》。中国濒危动物红皮书：V易危。中国生物多样性红色名录：NT 近危。中国物种红色名录：VU 易危，NT 近危，EN濒危。IUCN（世界自然保护联盟）：EN（濒危）、VU（易危）、NT（近危）、LC（低危）、DD（数据缺乏）。CITES（濒危野生动植物种国际贸易公约）：Ⅱ和Ⅲ分别代表附录Ⅱ和附录Ⅲ。

3.2.2 鸟类

（1）物种多样性

根据实地调查和已有资料，共记录到鸟类129种，隶属于15目40科，占全国已记录到鸟类总种数（1 371种）的9.41%，占全省已记录鸟类总种数（555种）的23.24%[16]。

调查到的这129种鸟类中有67种属于雀形目（PASSERIFORMES），达51.94%，占绝对优势。雀形目鸟类中又以画眉科（Timaliidae）和鸫科（Turdidae）鸟类最多，各为9种，占雀形目鸟类种数的13.43%；其次是莺科（Sylviidae）和鹀科（Emberizidae）各有8种和6种，以上4个科占雀形目鸟类种数的47.76%，占调查到的鸟类总种数的24.81%。在非雀形目鸟类中，鹳形目（CICONIIFORMES）、鹤形目（GRUIFORMES）、隼形目（FALCONIFORMES）和鸮形目（STRIGIFORMES）较丰富且位于食物链顶端，共28种，占佛山市鸟类总种数的21.71%；鸡形目（GALLIFORMES）、鹃形目（CUCULIFORMES）、鸽形目（COLUMBIFORMES）、夜鹰目（CAPRIMULGIFORMES）、雨燕目（APODIFORMES）和䴕形目（PICIFORMES）则属于典型的林栖鸟类，共计有22种，占佛山鸟类总种数的17.05%；其余的鸊鷉目（PODICIPDIFORMES）、佛法僧目（CORACIIFORMES）、鸻形目（CHARADRIIFORMES）和雁形目（ANSERIFORMES）鸟类是湿地鸟类，共12种，占佛山市鸟类总种数的9.30%（表3-4）。

表3–4 佛山市鸟类不同分类阶元组成

目	科数	种数	占鸟类总种数比例（%）
鹳形目 CICONIIFORMES	1	8	6.20
䴙䴘目 PODICIPDIFORMES	1	1	0.78
雁形目 ANSERIFORMES	1	1	0.78
隼形目 FALCONIFORMES	2	9	6.98
鸡形目 GALLIFORMES	1	5	3.88
鹤形目 GRUIFORMES	1	4	3.10
鸻形目 CHARADRIIFORMES	3	6	4.65
鸽形目 COLUMBIFORMES	1	3	2.33
鹃形目 CUCULIFORMES	1	7	5.43
鸮形目 STRIGIFORMES	2	7	5.43
夜鹰目 CAPRIMULGIFORMES	1	1	0.78
雨燕目 APODIFORMES	1	1	0.78
佛法僧目 CORACIIFORMES	2	4	3.10
䴕形目 PICIFORMES	1	5	3.88
雀形目 PASSERIFORMES	21	67	51.94
合计	40	129	100.00

（2）居留型及区系分析

①居留型

在鸟类居留型方面，留鸟种类最多，共90种，占调查到鸟类总种数的69.77%；其余为当地迁徙鸟，共39种，占鸟类总种数的30.23%。在迁徙鸟中，冬候鸟有34种，占总种数的26.36%，如普通鵟、鹊鹞、北红尾鸲

(*Phoenicurus auroreus*)、红胁蓝尾鸲(*Tarsiger cyanurus*)黑尾蜡嘴雀等；夏候鸟5种，占总种数的3.88%，包括四声杜鹃(*Cuculus micropterus*)、八声杜鹃(*Cuculus merulinus*)、大杜鹃(*Cuculus canorus*)、家燕(*Hirundo rustica*)和金腰燕(*Hirundo daurica*)。鸟类居留型的组成与当地气候、植被特征及周围的环境相关，该地区多是亚热带次生常绿阔叶林，雨量充足，四季温暖(表3-5)。

②区系特征

就所调查记录到的129种鸟类进行区系分析，其中东洋界鸟类共有75种，占佛山市鸟类种数的58.14%；广布种鸟类共有24种，占18.60%；古北界鸟类共有30种，占23.26%。可见鸟类区系以东洋界为主，这与佛山市地处南亚热带，受热带气候影响的环境相符。但也有一定数量的古北界和广布种类，这反映了区域的植被和气候类型的特征(表3-5)。

表3-5 佛山市鸟类居留型和区系组成

类型	组成	种类	占比例(%)
居留型	留鸟	90	69.77
	冬候鸟	34	26.36
	夏候鸟	5	3.88
区系组成	东洋界	75	58.14
	古北界	30	23.26
	广布种	24	18.60

(3)生境特征

佛山市内森林绝大部分为亚热带次生常绿阔叶林，植被类别丰富，生活型多样。鸟类群落分布的特性与植被群落相适应，湿地鸟类主要有：小白鹭、夜鹭和小䴙䴘(*Tachybapus ruficollis*)等；乔木下层和灌木丛层中鸟类主要有：褐翅鸦鹃和栗背短脚鹎(*Hypsipetes flavala*)等；乔木中层鸟类主要有：紫啸鸫（*Myiophoneus caeruleus*）、鹊鸲（*Copsychus saularis*）等；乔木高层鸟类主要有：珠颈斑鸠（*Streptopelia chinensis*）、暗绿绣眼鸟（*Zosterops japonicas*）、红耳鹎（*Pycnonotus jocosus*）等。

（4）优势度分析

佛山市鸟类优势种有5种，数量占鸟类总数量的32.53%，如红耳鹎、白头鹎（*Pycnonotus sinensis*）、长尾缝叶莺（*Orthotomus sutorius*）、大山雀（*Parus major*）和暗绿绣眼鸟等；常见种有11种，数量占鸟类总数量的31.62%，如小白鹭、珠颈斑鸠、褐翅鸦鹃、家燕、金腰燕、灰眶雀鹛（*Alcippe morrisonia*）、黄腹鹪莺（*Prinia flaviventris*）、褐头鹪莺（*Prinia inornata*）、白腰文鸟（*Lonchura striata*）、斑文鸟（*Lonchura punctulata*）、树麻雀（*Passer montanus*）等；稀有种113种，数量占鸟类总数量的35.85%，如黄鹡鸰（*Motacilla flava*）、普通鵟、紫啸鸫和黄腰柳莺（*Phylloscopus proregulus*）等。

（5）珍稀濒危保护物种

①珍稀濒危保护鸟类

调查期间记录到白鹇、松雀鹰、普通鵟、鹊鹞、红隼、蛇雕、黑冠鹃隼、褐翅鸦鹃、黑耳鸢和斑头鸺鹠等19种国家Ⅱ级重点保护鸟类，占调查到的鸟类总种数的14.73%。主要分布地是佛山市境内森林资源保护比较好的林地。广东省重点保护鸟类有10种，分别为苍鹭、牛背鹭、栗苇鳽、池鹭、小白鹭、夜鹭、绿鹭、黑水鸡、黑尾蜡嘴雀、黄胸鹀。

根据“三有名录”，共记录到101种鸟类，包括小白鹭、栗苇鳽、绿头鸭（*Anas platyrhynchos*）、灰胸竹鸡（*Bambusicola thoracica*）、雉鸡（*Phasianus colchicus*）等；世界自然保护联盟（IUCN）中列为濒危种的有黄胸鹀、易危的种有绿翅金鸠（*Chalcophaps indica*）、近危的种有鹌鹑（*Coturnix coturnix*）。

②国家级重点保护鸟类

国家Ⅱ级重点保护鸟类共19种，分别属于隼形目、鸡形目、鹃形目、鸮形目，各目代表种如下。

a. 黑冠鹃隼（*Aviceda leuphotes*）

隼形目鹰科（Accipitridae）；国家Ⅱ级重点保护野生动物；红皮书收录种

类：极危；CITES：附录Ⅱ。

小型猛禽，头上长有长而垂直的蓝黑色冠羽。虹膜为血红褐色或紫褐色。嘴和腿为铅色。腹部和背部尾上的覆羽部分为白色，头部、颈部和尾羽呈黑褐色，具有蓝色的金属光泽。

常单独活动，偶尔成3～5只的小群活动。在佛山市主要分布于皂幕山、大南山等林地。

b．赤腹鹰（*Accipiter soloensis*）

隼形目鹰科（Accipitridae）；国家II级重点保护野生动物。

赤腹鹰外形像鸽子，成鸟上体淡蓝灰，背部羽尖略具白色，翼下特征为除初级飞羽羽端黑色外，几乎全白。亚成鸟上体褐色，尾具深色横斑，下体白，喉具纵纹，胸部及腿上具褐色横斑。

日出性。多单独活动，领域性甚强。捕食动作快，主要在地面上捕食，常站在树顶等高处，见到猎物则突然冲下捕食。佛山市主要分布于大南山、西樵山、皂幕山等地。

c．普通鵟（*Buteo buteo*）

隼形目鹰科（Accipitridae）；国家II级重点保护野生动物。

中型猛禽，体色变化较大，上体主要为暗褐色，下体主要为暗褐色或淡褐色，具深棕色横斑或纵纹，尾淡灰褐色，具多道暗色横斑。飞翔时两翼宽阔，初级飞羽基部有明显的白斑，翼下白色，仅翼尖、翼角和飞羽外缘黑色（淡色型）或全为黑褐色（暗色型），尾散开呈扇形。

部分迁徙，部分留鸟，常见在开阔平原、荒漠、旷野、开垦的耕作区、林缘草地和村庄上空盘旋翱翔。多单独活动，有时可见2～4只在天空盘旋。活动主要在白天。性机警，视觉敏锐。佛山市境内主要分布于大南山等山林和保护区等地。

d．蛇雕（*Spilornis cheela*）

隼形目鹰科（Accipitridae）；国家II级重点保护野生动物；CITES附录：II；红皮书收录种类：易危。

头顶为黑色，蜡膜黄色。羽基白色，枕部有明显的黑色冠羽，呈扇形展开，上面有白色的横斑。上体为灰褐至暗褐色，具有较窄的白色或淡棕黄色羽缘，尾上覆羽有白色尖端，尾部黑色。跗蹠和趾为黄色，爪黑色。一般选择晴朗的天气飞行，气候不佳时活动较少。时常停栖于枯木或密林群居。佛山市主要分布于大南山、皂幕山等林地或保护区。

e．红隼（*Falco tinnunculus*）

隼形目隼科（Falconidae）；国家Ⅱ级重点保护野生动物；CITES附录：Ⅱ。

雌鸟上体棕红色，头顶至后颈、颈侧有较粗的黑褐色羽干纹；背部到尾上覆羽也具较粗的黑褐色横斑。雄鸟头顶、头侧、后颈以及颈侧均为蓝灰色，且具纤细的黑色羽干纹；前额和细窄的眉纹棕白色。白天活动，栖息于山地森林、低山丘陵、森林平原、草原、旷野等。佛山市主要分布于大南山、南丹山、皂幕山等地。

f．白鹇（*Lophura nycthemera*）

鸡形目雉科（Phasianidae）；国家Ⅱ级重点保护野生动物。

雄鸟体长94～110 cm，蓝黑色雉类，脸颊裸皮鲜红色，尾长、白色，头顶和长冠羽黑色，中央尾羽白色，背及其余尾羽白色带黑斑和细纹，下体黑色。雌鸟脸颊裸皮红色，上体为橄榄褐色至栗色，有褐色细纹为杂白色或黄色，冠羽暗色。佛山市主要分布于南丹山、皂幕山等地。

g．褐翅鸦鹃（*Centropus sinensis*）

鹃形目鸦鹃科（Cuculidae）；国家Ⅱ级重点保护野生动物；中国物种红色名录（2004）：NT；红皮书收录种类：易危。

体大尾长，体羽全黑，但上背、双翅羽为纯栗红色，头、颈和胸具有紫蓝色的光泽，胸、腹、尾部等则为绿色的光泽。黑色的嘴粗厚，尾羽呈长而宽的凸状。喜欢栖息于林缘地带、红树林、多芦苇河岸及次生灌木丛中。佛山市主要分布于保护区、林地、湿地等枝叶茂密处，分布广泛。

h．斑头鸺鹠（*Glaucidium cuculoides*）

鸮形目鸱鸮科（Strigidae）；国家Ⅱ级重点保护野生动物；CITES附录：Ⅱ。

体长20～26 cm，重0.15～0.26 kg。面盘不明显，头、胸和整个背面均为暗褐色，头部和全身的羽毛均有较细的白色横斑，腹部为白色，下腹有宽阔的褐色纵纹，喉部有两个明显的白色斑。夜行性，栖息于从平原、低山丘陵到海拔2 000 m左右的中山地带的混交林、阔叶林、林缘灌丛和次生林。佛山市主要分布于保护区、林地、环境比较好的公园等地。

佛山市鸟类资源统计数据详见表3-6。

表3-6　佛山市鸟类资源统计*

物种分类阶元	居留型	资源状况 密度 只/hm²				保护级别	“三有动物名录”	区系分布型
		森林	灌丛	农田	水域			
Ⅰ 鹳形目 CICONIIFORMES								
1．鹭科 Ardeidae								
（1）苍鹭 *Ardea cinerea*	留				0.017	LC	√	O
（2）牛背鹭 *Bubulcus ibis*	留				0.011	LC	√	O
（3）小白鹭 *Egretta garzetta*	留		0.285	0.194	1.255	LC	√	O
（4）夜鹭 *Nycticorax nycticorax*	留				1.054	LC	√	O
（5）黄斑苇鳽 *Ixobrychus sinensis*	留			0.051	0.003	LC	√	O
（6）栗苇鳽 *Ixobrychus cinnamomeus*	留			0.022	0.014	LC	√	O
（7）池鹭 *Ardeola bacchus*	留				0.035	LC	√	O
（8）绿鹭 *Butorides striatus*	留				0.004	LC	√	C
Ⅱ 䴙䴘目 PODICIPDIFORMES								
2．䴙䴘科 Podicipedidae								
（9）小䴙䴘 *Tachybapus ruficollis*	留				0.033	LC	√	C
Ⅲ 雁形目 ANSERIFORMES								
3．鸭科 Anatidae								
（10）绿头鸭 *Anas platyrhynchos*	冬				0.013	LC	√	P

（续表）

物种分类阶元	居留型	资源状况 密度 只/hm²				保护级别	“三有动物名录”	区系分布型
		森林	灌丛	农田	水域			
Ⅳ隼形目 FALCONIFORMES								
4. 鹰科 Accipitridae								
（11）黑冠鹃隼 *Aviceda leuphotes*	留	0.032				Ⅱ、LC		O
（12）赤腹鹰 *Accipiter soloensis*	留	0.014				Ⅱ、LC		O
（13）松雀鹰 *Accipiter virgatus*	留	0.012				Ⅱ、		O
（14）黑耳鸢 *Milvus migrans lineatus*		0.019				Ⅱ、		O
（15）普通鵟 *Buteo buteo*	冬	0.024				Ⅱ、LC		P
（16）蛇雕 *Spilornis cheela*	留	0.012	0.010			Ⅱ、LC		O
（17）鹊鹞 *Circus melanoleucos*	冬	0.015				Ⅱ		O
5. 隼科Falconidae								
（18）游隼 *Falco peregrinus*	冬	0.021				Ⅱ、LC		P
（19）红隼 *Falco tinnunculus*	冬	0.017				Ⅱ、LC		C
Ⅴ 鸡形目 GALLIFORMES								
6. 雉科 Phasianidae								
（20）鹧鸪 *Francolinus pintadeanus*	留	0.029				LC	√	O
（21）鹌鹑 *Coturnix coturnix*	冬	0.016				NT	√	P
（22）灰胸竹鸡 *Bambusicola thoracica*	留	0.194				LC	√	O
（23）白鹇 *Lophura nycthemera*	留	0.196				Ⅱ、LC		O
（24）雉鸡 *Phasianus colchicus*	留	0.142				LC	√	C

（续表）

物种分类阶元	居留型	资源状况 密度 只/hm^2				保护级别	“三有动物名录”	区系分布型
		森林	灌丛	农田	水域			
Ⅵ 鹤形目 GRUIFORMES								
7. 秧鸡科 Rallidae								
（25）蓝胸秧鸡 *Rallus striatus*	留				0.014	LC	√	O
（26）白胸苦恶鸟 *Amaurornis phoenicurus*	留			0.276	0.198	LC	√	O
（27）普通秧鸡 *Rallus aquaticus*	冬			0.017	0.011	LC	√	P
（28）黑水鸡 *Gallinula chloropus*	留				0.142	LC	√	C
Ⅶ 鸻形目 CHARADRIIFORMES								
8. 反嘴鹬科Recurvirostridea								
（29）黑翅长脚鹬 *Himantopus himantopus*	冬				0.036	LC	√	P
9. 鸻科Charadriidae								
（30）金眶鸻 *Charadrius dubius*	冬				0.086	LC	√	C
（31）环颈鸻 *Charadrius alexandrinus*	冬				0.095	LC	√	C
10. 鹬科 Scolopacidae								
（32）白腰草鹬 *Tringa ochropus*	冬				0.036	LC	√	C
（33）矶鹬 *Actitis hypoleucos*	冬				0.106	LC	√	P
（34）青脚鹬 *Tringa nebularia*	冬				0.031	LC	√	P

（续表）

物种分类阶元	居留型	资源状况 密度 只/hm²				保护级别	"三有动物名录"	区系分布型
		森林	灌丛	农田	水域			
Ⅷ 鸽形目 COLUMBIFORMES								
11．鸠鸽科 Columbidae								
（35）山斑鸠 *Streptopelia orientalis*	留	0.098				LC	√	O
（36）珠颈斑鸠 *Streptopelia chinensis*	留	2.301				LC	√	O
（37）绿翅金鸠 *Chalcophaps indica*	留	0.016				VU	√	O
Ⅸ 鹃形目 CUCULIFORMES								
12．杜鹃科 Cuculidae								
（38）鹰鹃 *Cuculus sparverioides*	留	0.013				LC	√	O
（39）四声杜鹃 *Cuculus micropterus*	夏	0.022				LC	√	C
（40）八声杜鹃 *Cuculus merulinus*	夏	0.017	0.014			LC	√	C
（41）大杜鹃 *Cuculus canorus*	夏	0.225				LC	√	C
（42）噪鹃 *Eudynamys scolopacea*	留	0.036				LC	√	O
（43）褐翅鸦鹃 *Centropus sinensis*	留	2.358				Ⅱ、LC		O
（44）小鸦鹃 *Centropus toulou*	留	1.330				Ⅱ、LC		C
Ⅹ 鸮形目 STRIGIFORMES								
13．草鸮科 Tytonidae								
（45）草鸮 *Tyto capensis*	留	0.013				Ⅱ、LC		O
14．鸱鸮科 Strigidae								
（46）鹰鸮 *Ninox scutulata*	留	0.011				Ⅱ、LC		O
（47）领角鸮 *Otus bakkamoena*	留	0.014				Ⅱ、LC		O

（续表）

物种分类阶元	居留型	资源状况 密度 只/hm²				保护级别	"三有动物名录"	区系分布型
		森林	灌丛	农田	水域			
（48）领鸺鹠 *Glaucidium brodiei*	留	0.031				Ⅱ、LC		O
（49）斑头鸺鹠 *Glaucidium cuculoides*	留	0.024				Ⅱ、LC		O
（50）雕鸮 *Bubo bubo*	留	0.012				Ⅱ、LC		C
（51）长耳鸮 *Asio otus*	冬	0.010				Ⅱ、LC		P
XI 夜鹰目 CAPRIMULGIFORMES								
15. 夜鹰科 Caprimulgidae								
（52）普通夜鹰 *Caprimulgus indicus*	留	0.016				LC	√	C
XII 雨燕目 APODIFORMES								
16. 雨燕科 Apodidae								
（53）小白腰雨燕 *Apus affinis*	留	0.562		0.291		LC	√	O
XIII 佛法僧目 CORACIIFORMES								
17. 翠鸟科 Alcedinidae								
（54）普通翠鸟 *Alcedo atthis*	留				0.265	LC	√	C
（55）白胸翡翠 *Halcyon smyrnensis*	留				0.015	LC		O
（56）斑鱼狗 *Ceryle rudis*	留				0.024	LC		O
18. 佛法僧科 Coraciidae								
（57）三宝鸟 *Eurystomus orientalis*	留	0.018				LC	√	C
XIV 䴕形目 PICIFORMES								
19. 啄木鸟科 Picidae								
（58）斑姬啄木鸟 *Picumnus innominatus*	留	0.012				LC	√	O

（续表）

物种分类阶元	居留型	资源状况 密度 只/hm²				保护级别	“三有动物名录”	区系分布型
		森林	灌丛	农田	水域			
（59）星头啄木鸟 *Dendrocopos canicapillus*	留	0.011				LC	√	O
（60）栗啄木鸟 *Celeus brachyurus*	留	0.013				LC	√	O
（61）大拟啄木鸟 *Megalaima virens*	留	0.011				LC	√	O
（62）蚁䴕 *Jynx torquilla*	留		0.026				√	P
XV **雀形目** PASSERIFORMES								
20. 百灵科 Alaudidae								
（63）云雀 *Alauda arvensis*	冬		0.003			LC	√	P
21. 燕科 Hirundinidae								
（64）家燕 *Hirundo rustica*	留			3.012		LC	√	C
（65）金腰燕 *Hirundo daurica*	夏			3.105		LC	√	C
22. 鹡鸰科 Motacillidae								
（66）灰鹡鸰 *Motacilla cinerca*	冬				0.015	LC	√	P
（67）白鹡鸰 *Motacilla alba*	留			0.197	0.255	LC	√	C
（68）树鹨 *Anthus hodgsoni*	冬	0.311				LC	√	P
（69）山鹨 *Anthus sylvanus*	留	0.367				LC	√	O
23. 山椒鸟科 Campephagidae								
（70）赤红山椒鸟 *Pericrocotus flammeus*	留	0.214				LC	√	O
（71）灰喉山椒鸟 *Pericrocotus solaris*	留	0.016				LC	√	O

（续表）

物种分类阶元	居留型	资源状况 密度 只/hm^2				保护级别	“三有动物名录”	区系分布型
		森林	灌丛	农田	水域			
（72）暗灰鹃鵙 *Coracina melaschistos*	夏	0.031				LC	√	O
24．鹎科 Pycnonotidae								
（73）红耳鹎 *Pycnontus jocosus*	留	3.325	2.220	2.561		LC	√	O
（74）白头鹎 *Pycnontus sinensis*	留	3.621	2.274	2.198		LC	√	O
（75）白喉红臀鹎 *Pycnonotus aurigaster*	留	1.201	0.962	0.236		LC	√	O
（76）栗背短脚鹎 *Hypsipetes flavala*	留	2.065				LC	√	O
（77）黑鹎 *Hypsipetes madagscariensis*	留	0.659				LC	√	O
25．伯劳科 Laniidae								
（78）棕背伯劳 *Lanius schach*	留	0.633	1.630	1.752		LC	√	O
26．黄鹂科 Oriolidae								
（79）黑枕黄鹂 *Oriolus chinensis*	冬	0.025				LC	√	P
27．椋鸟科 Sturnidae								
（80）丝光椋鸟 *Sturnus sericeus*	留	0.078				LC	√	O
（81）黑领椋鸟 *Sturnus nigricollis*	留	0.095				LC	√	O
（82）八哥 *Acridotheres cristatellus*	留	0.996	0.582	1.065		LC	√	O
28．鸦科 Corvidae								
（83）红嘴蓝鹊 *Cissa erythrorhyncha*	留	0.052				LC	√	O
（84）喜鹊 *Pica pica*	留	0.061				LC	√	C

（续表）

物种分类阶元	居留型	资源状况 密度 只/hm²				保护级别	“三有动物名录”	区系分布型
		森林	灌丛	农田	水域			
（85）灰喜鹊 *Cyanopica cyanus*	留	0.033					√	P
（86）大嘴乌鸦 *Corvus macrorhynchus*	留		0.017	0.014		LC		C
29．鸫科 Turdidae								
（87）鹊鸲 *Copsychus saularis*	留	0.521	0.634	0.985		LC	√	O
（88）北红尾鸲 *Phoenicurus aurorens*	冬		0.025			LC	√	P
（89）灰背燕尾 *Enicurus schistaceus*	留				0.014	LC		O
（90）黑背燕尾 *Enicurus leschenaulti*	留				0.012	LC		O
（91）紫啸鸫 *Myiophoneus caeruleus*	留	0.059				LC		O
（92）乌鸫 *Turdus merula*	留	0.695	0.582	0.765		LC		O
（93）灰背鸫 *Turdus hortulorum*	冬	0.022				LC	√	P
（94）红胁蓝尾鸲 *Tarsiger cyanurus*	冬	0.018	0.024			LC	√	P
（95）黑喉石䳭 *Saxicola torquata*	冬		0.036			LC	√	C
30．画眉科 Timaliidae								
（96）红头穗鹛 *Stachyris ambigua*	留	0.963	0.582			LC	√	O
（97）黑脸噪鹛 *Garrulax perspicillatus*	留	0.987				LC	√	O
（98）黑领噪鹛 *Garrulax pectoralis*	留	0.692				LC	√	O
（99）黑喉噪鹛 *Garrulax chinensis*	留	0.012				LC	√	O
（100）画眉 *Garrulax canorus*	留	0.549				LC	√	O

（续表）

物种分类阶元	居留型	资源状况 密度 只/hm²				保护级别	“三有动物名录”	区系分布型
		森林	灌丛	农田	水域			
（101）灰眶雀鹛 *Alcippe morrisonia*	留	2.698				LC	√	O
（102）褐头雀鹛 *Alcippe cinereiceps*	留	0.874				LC	√	O
（103）白腹凤鹛 *Yuhina zantholeuca*	留	0.169				LC	√	O
（104）棕颈钩嘴鹛 *Pomatorhinus ruficollis*	留	0.058				LC		O
31．扇尾莺科 Cisticolidae								
（105）棕扇尾莺 *Cisticola juncidis*	留	0.138				LC	√	O
32．莺科 Sylviidae								
（106）长尾缝叶莺 *Orthotomus sutorius*	留		3.291	2.598		LC	√	O
（107）黄腹鹪莺 *Prinia flaviventris*	留		2.998			LC	√	O
（108）褐头鹪莺 *Prinia inornata*	留		2.454			LC	√	O
（109）黄眉柳莺 *Phylloscopus inornatus*	冬	0.429				LC	√	P
（110）黄腰柳莺 *Phylloscopus proregulus*	冬	0.407				LC	√	P
（111）极北柳莺 *Phylloscopus borealis*	冬	0.325				LC	√	P
（112）巨嘴柳莺 *Phylloscopus schwarzi*	冬	0.124				LC	√	P

（续表）

物种分类阶元	居留型	资源状况 密度 只/hm²				保护级别	“三有动物名录”	区系分布型
		森林	灌丛	农田	水域			
(113) 褐柳莺 *Phylloscopus fuscatus*	冬	0.028				LC	√	P
33. 山雀科 Paridsae								
(114) 大山雀 *Parus major*	留	2.164	0.014			LC	√	C
(115) 红头长尾山雀 *Aegithalos concinnus*	留	0.048				LC	√	O
34. 啄花鸟科 Dicaeidae								
(116) 红胸啄花鸟 *Dicaeum ignipectus*	留	0.017				LC	√	O
35. 太阳鸟科 Nectarniidae								
(117) 叉尾太阳鸟 *Aethopyga christinae*	留	0.447				LC	√	O
36. 卷尾科 Dicruridae								
(118) 黑卷尾 *Dicrurus macrocercus*	留	0.049				LC	√	O
37. 绣眼鸟科 Zosteropidae								
(119) 暗绿绣眼鸟 *Zosterops japonica*	留	4.502				LC	√	O
38. 文鸟科 Ploceidae								
(120) 白腰文鸟 *Lonchura striata*	留		2.017			LC		O
(121) 斑文鸟 *Lonchura punctulata*	留		2.124			LC	√	O
(122) 树麻雀 *Passer montanus*	留			3.158		LC	√	C

（续表）

物种分类阶元	居留型	资源状况 密度 只/hm²				保护级别	“三有动物名录”	区系分布型
		森林	灌丛	农田	水域			
39. 燕雀科 Fringilliidae								
（123）黑尾蜡嘴雀 *Eophona migratoria*	冬	0.240		0.521		LC	√	P
40. 鹀科 Emberizidae								
（124）小鹀 *Emberiza pusilla*	冬		0.401			LC	√	P
（125）灰头鹀 *Emberiza spodocephala*	冬		0.010			LC	√	P
（126）黄喉鹀 *Emberiza elegans*	冬		0.013			LC	√	P
（127）黄眉鹀 *Emberiza chrysophrys*	冬		0.009			LC	√	P
（128）黄胸鹀 *Emberiza aureola*	冬		0.008			EN	√	P
（129）栗鹀 *Emberiza rutila*	冬		0.014			LC	√	P

*居留型：“冬”表示冬候鸟或旅鸟，“夏”表示夏候鸟，“留”表示留鸟。保护级别：Ⅱ表示国家二级重点保护鸟类，LC、NT、VU、EN分别表示为世界自然保护联盟（IUCN）所列的低危、近危、易危、濒危。区系分布型：P表示古北种，O表示东洋种，C表示广布种。

3.2.3 爬行类

（1）物种多样性

佛山市爬行类动物记录有48种，隶属于3目13科，占全国已记录爬行类总种数（462种）的8.66%[17]，占全省已记录爬行类总种数（141种）的10.39%[18]。其中蛇目（SERPENTIFORMES）最多，共31种，占爬行类总种数的64.58%，游蛇科（Colubridae）为优势群类，计有22种；龟鳖目有5种，占爬行类总种数的10.42%；蜥蜴目11种，占爬行类总种数的22.92%，其中石龙子科（Scincidae）占明显优势，有6种，占爬行类总种数的12.5%。

（2）区系特征

调查到的48种爬行动物中，华中区物种1种，占总种数的2.08%；华南区物种18种，占总种数的37.50%；广布种7种，占总种数的14.58%；华南区与华中区共有种22种，占总种数的45.83%；爬行动物区系以华南区物种和华南区与华中区共有种为主。

（3）栖息环境分析

爬行动物栖息地与其习性相关，爬行动物栖息地可以分为3个类别：①临水湖边、水渠溪流附近、废弃农田及水沟边，如乌龟（*Chinemys reevesii*）、中国水蛇（*Enhydris chinensis*）和金环蛇（*Bungarus fasciatus*）等，喜水源丰富的地方,捕食水中的螺、鱼、虾等水生生物；②草丛、树干、落叶、树林中，如变色树蜥（*Calotes versicolor*）、滑鼠蛇（*Ptyas mucosus*）和过树蛇（*Dendrelaphis pictus*）等，主要以昆虫和小型脊椎动物为食；③路边岩石、屋檐、墙角处，如四线石龙子（*Eumeces quadrilineatus*）和铜蜓蜥（*Sphenomorphus incognitos*），捕食蚊、蝇、飞蛾和小型脊椎动物等。

（4）优势度分析（注：+++表示资源状况较多，++表示有一定资源，+表示资源很少）

在记录到的野生爬行类动物中，优势种（资源状况为+++）9种，分别为中国壁虎（*Gekko chinensis*）、石龙子（*Eumeces chinensis*）、铜蜓蜥（*Sphenomorphus indicus*）、三索锦蛇（*Elaphe radiata*）、黑眉锦蛇（*Elaphe taeniura*）、渔游蛇（*Xenochrophis piscator*）、翠青蛇（*Ophepdrys major*）、红脖颈槽蛇（*Rhabdophis subminiatus*）、中国水蛇（*Enhydris chinensis*）；常见种（资源状况为++）20种，即变色树蜥（*Calotes versicolo*r）、四线石龙子（*Eumeces quadrilineatus*）、中国棱蜥（*Tropidophorus sinicus*）、钩盲蛇（*Ramphotyphlops braminus*）、过树蛇（*Dendrelaphis pictus*）、玉斑锦蛇（*Elaphe mandarina*）、乌梢蛇（*Zaocys dhumnades*）、眼镜蛇（*Naja naja*）、白唇竹叶青（*Trimeresurus albolabris*）等；稀有种（资源状况为+）19种，即乌龟（*Chinemys* *reevesii*）、四眼斑水龟（*Clemmys quadrlocellata*）、中华鳖（*Pelochelys sinensis*）、灰鼠蛇（*Ptyas korros*）、紫砂蛇（*Psammodynastes pulverulentus*）、金环蛇（*Bungarus fasciatus*）、尖吻蝮蛇（*Agkistrodon acutus*）等。

（5）珍稀濒危保护物种

①珍稀濒危保护级别

记录到爬行类48种，其中有国家Ⅰ级重点保护动物1种，即蟒蛇；广东省重点保护动物1种，即平胸龟。根据“三有名录”，记录到47种爬行动物。

综上所述，佛山市爬行类的濒危程度极高，均属于龟鳖目和蛇目，但被列入国家重点保护名录的物种太少，没有获得应有的保护。另外，淡水龟类和蛇类的保护地位也有待提高，如平胸龟、眼斑水龟、钩盲蛇（*Ramphotyphlops braminus*）、银环蛇（*Bungarus multicinctus*）和眼镜王蛇（*Ophiophagus hannah*）等。

②国家级重点保护野生动物

1）蟒蛇（*Python molurus bivittatus*）

蛇目蟒科（Boidae）；国家Ⅰ级重点保护野生动物；中国物种红色名录（2004）：CR；红皮书收录种类：极危；IUCN RL2014：NT（1994）；CITES：附录Ⅱ。

体色黑，具有云状斑纹，背面有一条黄褐斑，两侧均有一条黄色条状纹，肛门两侧各有一小型爪状痕迹。体长3～7 m，头小，吻端扁平，通身被覆小鳞片，尾短。树栖性或水栖性，擅长游泳、攀树，生活于热带及亚热带的森林中。冬眠，无毒。佛山主要分布于南丹山、大南山、皂幕山等环境保护比较好的地方。

2）平胸龟（*Platysternon megacephalum*）

龟鳖目平胸龟科（Platysternidae）。为广东省重点保护野生动物；列入CITES附录Ⅱ。

别名鹰嘴龟、大头龟、大头平胸龟、鹰嘴龙尾鱼、三不像、鹦鹉龟。体重约250 g，背甲长15 cm左右。头大，呈三角形，覆以整块的角质鳞。眼大，无外耳鼓膜。上喙钩曲呈鹰嘴状。背甲棕褐色，扁平，背棱不明显；腹甲橄榄色，小且平，腹盾与盾缘间有下缘盾。四肢、指（趾）明显，尾几与腹甲等长，其基部有长方形鳞片，成环状排列。头、尾及四肢不能缩入壳内。一般生活在山溪、沼泽水潭中。水陆两栖，能攀附岩石或爬树。性凶猛。主要以蜗牛、蠕虫、昆虫、螺、蚬、贝、虾、鱼等为食。九道谷、大坑山、回岐山等地有分布。其形态奇特，可观赏、培育绿毛龟；其肉味鲜美可食用；肉、血、卵、胆、龟板均可入药。

佛山市爬行动物统计数据见表3-7。

表3-7　佛山市爬行动物统计*

物种分类阶元	分布生境（只/hm^2）			保护级别	从属区系
	山林地带	溪塘、水库带	丘陵、低地		
I 龟鳖目 TESTUDOFORMES					
1．龟科 Testudinidae					
（1）乌龟 *Chinemys reevesii*		0.019		三	W
（2）四眼斑水龟 *Sacalia quadrlocellata*		0.104		三	M-S
（3）黄喉拟水龟 *Mauremys mutica*		0.021		三	M
2．淡水龟科 Bataguridae					
（4）中华花龟 *Ocadia sinensis*		0.030		三	S
3．平胸龟科 Platysternidae					
（5）平胸龟 *Platysternon megacephalum*		0.090		省	M-S
4．鳖科 Trionychidae					
（6）中华鳖 *Pelochelys sinensis*		0.042		三	W

（续表）

物种分类阶元	分布生境（只/hm^2）			保护级别	从属区系
	山林地带	溪塘、水库带	丘陵、低地		
Ⅱ 蜥蜴目 LACERTIFORMES					
5．蜥蜴科 Lacertian					
（7）北草蜥 *Takydromus septentrionalis*			0.158	三	W
（8）丽棘蜥 *Acanthosaura lepidogaster*			0.049	三	S
6．鬣蜥科 Agamidae					
（9）变色树蜥 *Calotes versicolor*	1.658		0.997	三	W
7．壁虎科 Gekkonidae					
（10）中国壁虎 *Gekko chinensis*	0.241		1.520	三	M-S
（11）原尾蜥虎 *Hemidactylus bowringii*	1.141		1.072	三	S
8．石龙子科 Scincidae					
（12）中华石龙子 *Eumeces chinensis*	1.551	1.011	1.014	三	M-S
（13）四线石龙子 *Eumeces quadrilineatus*	1.265	0.574	1.621	三	S
（14）蓝尾石龙子 *Plestiodon elegans*	0.029			三	S
（15）铜蜓蜥 *Sphenomorphus indicus*	1.621	1.552	1.544	三	S
（16）中国棱蜥 *Tropidophorus sinicus*	1.014	1.028	0.201	三	S
（17）南滑蜥 *Scincella reevesii*	1.032	1.006		三	S
Ⅲ 蛇目 SERPENTIFORMES					
9．蟒科 Boidae					
（18）蟒蛇 *Python molurus*	0.006			I	S

（续表）

物种分类阶元	分布生境（只/hm²）			保护级别	从属区系
	山林地带	溪塘、水库带	丘陵、低地		
10．盲蛇科 Typhlopidae					
（19）钩盲蛇 *Ramphotyphlops braminus*	1.987		1.657	三	M-S
11．游蛇科 Coluburidae					
（20）过树蛇 *Dendrelaphis pictus*	1.840		1.011	三	S
（21）棕脊蛇 *Achalinus rufescens*	0.028			三	S
（22）钝尾两头蛇 *Calamaria septentrionalis*	0.252		0.207	三	S
（23）赤链蛇 *Dinodon rufozonatum*	1.962	0.854	0.627	三	W
（24）草腹链蛇 *Amphiesma stolata*		1.510	1.722	三	W
（25）王锦蛇 *Elaphe carinata*	1.468	1.650	1.821	三	M-S
（26）三索锦蛇 *Elaphe radiata*	1.664	1.558	2.396	三	S
（27）黑眉锦蛇 *Elaphe taeniura*	2.562		2.674	三	W
（28）紫灰锦蛇 *Elaphe porphyracea*	1.997		1.015	三	S
（29）玉斑锦蛇 *Elaphe mandarina*	1.064		1.107	三	M-S
（30）渔游蛇 *Xenochrophis piscator*		2.596	2.624	三	M-S
（31）环纹华游蛇 *Sinonatrix aequifasciata*		0.352		三	M-S
（32）翠青蛇 *EuryPholis major*	2.998		2.082	三	M-S
（33）灰鼠蛇 *Ptyas korros*	0.196	0.158	0.147	三	M-S
（34）滑鼠蛇 *Ptyas mucosus*	0.187	0.184	0.294	三	M-S
（35）红脖颈槽蛇 *Rhabdophis subminiatus*	2.968		1.852	三	S

（续表）

物种分类阶元	分布生境（只/hm²）			保护级别	从属区系
	山林地带	溪塘、水库带	丘陵、低地		
（36）紫砂蛇 *Psammodynastes pulverulentus*	0.089		0.176	三	S
（37）乌梢蛇 *Zaocys dhumnades*	1.651	1.028	1.014	三	M-S
（38）中国水蛇 *Enhydris chinensis*		3.147		三	M-S
（39）铅色水蛇 *Enhydris enhydris*		1.625		三	M-S
（40）山溪后棱蛇 *Opisthotropis latouchii*		0.990		三	M-S
（41）繁花林蛇 *Boiga multomaculata*	1.028		1.751	三	M-S
12．眼镜蛇科 Elapidae					
（42）金环蛇 *Bungarus fasciatus*	0.028		0.014	三	S
（43）银环蛇 *Bungarus multicinctus*	1.541	1.008	1.096	三	M-S
（44）眼镜蛇 *Naja naja*	1.258	1.185	1.024	三	M-S
（45）眼镜王蛇 *Ophiophagus hannah*	0.032			三	M-S
13．蝰蛇科 Viperidae					
（46）尖吻蝮蛇 *Agkistrodon acutus*	0.287			三	M-S
（47）原矛头蝮 *Protobothrops mucrosquamatus*	1.024	0.258	0.995	三	M-S
（48）白唇竹叶青 *Trimeresurus albolabris*	1.228	1.257	0.119	三	S

*从属区系：M 表示华中区种；S表示华南区种；W表示广布种；M-S表示华中华南区共有种。保护级别：Ⅰ表示国家Ⅰ级重点保护野生动物；Ⅱ表示国家Ⅱ级重点保护野生动物，三代表“三有名录”物种，省代表广东省省级保护野生动物。

3.2.4 两栖类

调查共记录了26种两栖类动物，隶属于2目7科（表3-8）。

（1）物种多样性

佛山市的两栖类动物共调查到26种，隶属于2目7科，占全国两栖类总种数（406种）的6.40%，占全省已记录两栖类总种数（64种）的40.63%。无尾目以蛙科（Ranodae）种类最多，共10种，姬蛙科（Microhylidae）有6种，树蛙科（Rhacophoridae）有3种，锄足蟾科（Pelobatidae）、蟾蜍科（Bufonidae）、雨蛙科（Hylidae）各有2种；蚓螈目（GYMNOPHIONA）仅有鱼螈科（Ichthyophiidae）的版纳鱼螈（*Ichthyophis bannanicus*）一种。

（2）区系特征

佛山市两栖类区系组成基本以东洋界为主体，其中，东洋界华南区物种8种，占总种数的30.77%，如华南雨蛙（*Hyla simplex*）、华南湍蛙（*Amolops ricketti*）、花狭口蛙（*Kaloula pulchra*）等；东洋界华中区物种3种，占总种数的11.54%，即淡肩角蟾（*Megophrys boettgeri*）、小角蟾（*Megophrys minor*）、大绿蛙（*Rana livida*）；东洋界华南与华中区共有种14种，占总种数的53.85%，如黑眶蟾蜍（*Bufo melanostictus*）、沼水蛙、弹琴蛙（*Babina adenopleura*）、棘胸蛙、斑腿泛树蛙（*Polypedates megacephalus*）、饰纹姬蛙（*Microhyla ornata*）等。

从全国来看，两栖类以适应中亚热带南部的种类最多，其次为南中国型，最后是东洋型，这反映了两栖类适应温暖湿润气候的特征。

（3）生态类型划分

生境类型多样性，也能体现出某一地区的生物多样性状况。两栖动物种类一般都在水中产卵，体外受精，受精卵在水中发育。幼体用鳃呼吸，变态以后，成体营陆生生活。在两栖动物物种进化历程中，经过陆地上复杂的生态环境的长期选择，逐渐形成了适应各种陆生生境的不同的生态类群。按照两栖类动物个体发育过程中，幼体生活发育的水域和成体非繁殖期所在栖息地状态等因素，一般将两栖类动物划分为流水型（R）、陆栖流水型（TR）、静水型（Q）、陆栖静水型（TQ）和树栖型（A）等5种生态类型。

流水型（R）两栖动物个体发育均要或完全在流水水域完成，有花臭蛙（*Rana schmackeri*）、棘胸蛙、华南湍蛙、沼水蛙、大绿蛙和虎纹蛙6种。

陆栖流水型（TR）两栖动物个体发育过程中的胚胎发育和变态过程在流水水域中完成，成体在非繁殖期一般营陆生生活，有淡肩角蟾和小角蟾2种。

静水型（Q）两栖动物个体发育过程一般完全在静水水域完成，有弹琴蛙和阔褶蛙（*Hylarana latouchii*）2种。

陆栖静水型（TQ）两栖动物个体发育过程中的胚胎发育和变态过程在静水水域中完成，成体在非繁殖期一般营陆生生活，有版纳鱼螈、中华大蟾蜍（*bufo gargarizans*）、黑眶蟾蜍、泽蛙（*Rana limnocharis*）、镇海林蛙（*Rana zhenhaiensis*）、小弧斑姬蛙（*Microhyla heymonsi*）、粗皮姬蛙（*Microhyla butleri*）、饰纹姬蛙、花姬蛙（*Microhyla pulchra*）、花细狭口蛙（*Kalophrynus pleurostigma*）、花狭口蛙（*Kaloula pulchra*）11种。

树栖型（A）两栖动物个体发育过程中胚胎发育及变态在静水水域完成，成体一般营树栖生活，有中国雨蛙（*Hyla chinensis*）、华南雨蛙、大泛树蛙（*Rhacophorus dennysi*）、斑腿泛树蛙、无声囊泛树蛙（*Polypedates mutus*）5种。

可以看出，陆栖静水型（TQ）两栖动物占优势，这反映了佛山市大多地区还是比较平缓的，但是整体地理环境还是很复杂，也有丘陵和山峰。水文资源丰富，形成了各式各样的生境，为两栖动物的繁衍生息提供了良好的场所。

（4）优势度分析

在记录到的两栖类中，优势种10种，分别为黑眶蟾蜍、沼水蛙、泽蛙、无声囊泛树蛙、小弧斑姬蛙、粗皮姬蛙、饰纹姬蛙、花姬蛙、花狭口蛙和花狭口蛙；常见种有6种，分别是淡肩角蟾、小角蟾、大绿蛙、花臭蛙、棘胸蛙和斑腿泛树蛙；稀有种10种，分别为版纳鱼螈、中华大蟾蜍、中国雨蛙、华南雨蛙、镇海林蛙、弹琴蛙、阔褶蛙、虎纹蛙、华南湍蛙和大泛树蛙。

（5）珍稀濒危保护物种

佛山市两栖类动物被列为国家II级重点保护的有1种，即虎纹蛙；2种属广东省重点保护动物，为棘胸蛙和沼水蛙。

根据“三有名录”，记录到25种两栖类，有版纳鱼螈、小角蟾、泽蛙、大绿蛙等。

①虎纹蛙（*Rana rugulosa*）

无尾目蛙科；国家II级重点保护野生动物；中国物种红色名录（2004）：VU。

雌性比雄性大，有的体长超过120 mm，体重0.25～0.5 kg。头部和身体两侧有深色不规则的斑纹，皮肤较为粗糙。背部呈现黄绿色略带棕色，有十几行纵向排列的棱，棱与棱间散布着小疣粒。常栖息于农田、池塘、水沟。主要捕食昆虫、小鱼及小型无脊椎动物。佛山主要分布在污染较少的水田、沟渠、水库、池塘、沼泽地等处。

②沼水蛙（*Rana guenopleura*）

无尾目蛙科；广东省重点保护野生动物。

沼水蛙为大型蛙类，身体粗壮，体长8～10 cm。头部平扁，头长大于头宽，吻端尖圆。上下唇皆白色，颔腺明显，白色，两个。鼓膜大而明显，周围白色。背侧褶连续而粗大，位眼后至大腿上方。垦地和阔叶林为主要的栖息地。尤其在水田、池畔、溪流以及排水不良之低地。白天隐伏在草丛洞穴中或石缝中，偶尔亦可见其停栖在近水边有阴影的石头上。夜间外出觅食。佛山境内主要分布在河流、水库、农田。山溪等地附近。

③版纳鱼螈（*Ichthyophis bannanicus*）

蚓螈目鱼螈科，列入“三有名录”。

成体全长约38 cm。体形似蚯蚓，头、颈区分不明显，四肢和带骨均退化消失，体表富有黏液腺。无四肢，运动靠身体的环褶收缩从而达到进退自如。由于长期适应穴居，眼睛退化，已无视觉功能，只有光的感觉。眼鼻间有触突，体具环褶360个左右，体背棕黑，体侧具一黄色纵带纹。栖息于海拔200～600 m，林木茂密的土山地区，喜居水草丛生的山溪和土地肥沃的田边池畔，营穴居生活。版纳鱼螈的生活习性为昼伏夜出。喜食蚯蚓，也觅食其它昆虫幼虫。是唯一一种产于中国的蚓螈。已知分布于云南、广西、广东。

佛山市继2010年高明区更合镇水井村有居民发现两条外，张仿平2016

年于云勇林场的山溪附近并拍摄到照片，说明佛山市高明区的地理环境比较适合版纳鱼螈生存。版纳鱼螈极为珍稀罕见，从相关的依据判断，版纳鱼螈迄今已生存了上亿年（与娃娃鱼的年代相当），具有较高的研究价值。应进一步采取的保护措施：封山育林，尤其是保护水源林，防止干旱和洪水暴发。在鱼螈的主要产地建立自然保护区。

佛山市两栖类资源统计数据见表3-8。

表3-8　佛山市两栖类资源统计*

物种分类阶元	分布生境（只/hm^2）			从属区系	保护级别
	山林带	河溪、水库带	低地农耕带		
Ⅰ 蚓螈目 GYMNOPHIONA					
1. 鱼螈科 Ichthyophiidae					
（1）版纳鱼螈 *Ichthyophis bannanicus*		0.041		S	三
Ⅱ 无尾目 SALIENTIA					
2. 锄足蟾科 Pelobatidae					
（2）淡肩角蟾 *Megophrys boettgeri*	0.033	0.114	0.056	M	三
（3）小角蟾 *Megophrys minor*	0.584	0.019	0.005	M	三
3. 蟾蜍科 Pelobatidae					
（4）中华大蟾蜍 *bufo gargarizans*	0.036	0.013		W	三
（5）黑眶蟾蜍 *Bufo melanostictus*	0.632	1.245	1.774	M~S	三
4. 雨蛙科 Hylidae					
（6）中国雨蛙 *Hyla chinensis*		0.020		M~S	三

（续表）

物种分类阶元	分布生境（只/hm²）			从属区系	保护级别
	山林带	河溪、水库带	低地农耕带		
（7）华南雨蛙 *Hyla simplex*	0.007	0.015		S	三
5. 蛙科 Ranidae					
（8）沼水蛙 *Rana guenopleura*	0.512	1.224	1.098	M~S	三、省
（9）泽蛙 *Rana limnocharis*	0.025	1.445	1.279	M~S	三
（10）大绿蛙 *Rana livida*	0.644	0.029	0.075	M	三
（11）镇海林蛙 *Rana zhenhaiensis*			0.002	M~S	三
（12）弹琴蛙 *Babina adenopleura*		0.087	0.019	M~S	三
（13）阔褶蛙 *Rana latouchii*		0.057		M~S	三
（14）花臭蛙 *Rana schmackeri*	0.527	0.004	0.095	S	三
（15）棘胸蛙 *Rana spinosa*	0.084	0.725		M~S	三、省
（16）虎纹蛙 *Rana tigrina*		0.008	0.004	M~S	II
（17）华南湍蛙 *Amolops ricketti*	0.007	0.017		S	三
6. 树蛙科 Rhacophoridae					
（18）大泛树蛙 *Polypedatesm dennysi*	0.006			M~S	三
（19）斑腿泛树蛙 *Polypedates megacephalus*	0.495	0.047	0.014	M~S	三
（20）无声囊泛树蛙 *Polypedates mutus*	0.026	0.529	1.003	S	三
7. 姬蛙科 Microhylidae					
（21）小弧斑姬蛙 *Microhyla heymonsi*	0.557	1.276	0.632	M~S	三

（续表）

物种分类阶元	分布生境（只/hm²）			从属区系	保护级别
	山林带	河溪、水库带	低地农耕带		
（22）粗皮姬蛙 *Microhyla butleri*	0.426	1.236	1.001	S	三
（23）饰纹姬蛙 *Microhyla ornata*	0.444	1.320	1.208	M~S	三
（24）花姬蛙 *Microhyla pulchra*	0.025	1.224	1.306	M~S	三
（25）花细狭口蛙 *Kalophrynus pleurostigma*	0.369	0.527	0.619	S	三
（26）花狭口蛙 *Kaloula pulchra*	0.529	1.240	1.364	S	三

*从属区系：√表示仅该生境有分布；S表示华南区种；M~S表示华中华南区共有物种；M表示华中区物种；W表示广布种。保护级别：三表示“三有名录”所列物种。

3.3 佛山市现有野生动物状况及分析

3.3.1 佛山市野生动物基本情况

由于野生动物生活习性及活动规律多种多样，特别是哺乳类、两栖类和爬行类大部分种类为夜行性，且活动节律受天气的影响明显，有些种类（尤其是部分蛇类）行踪诡秘且在野外难以发现，因此专项调查时难免有所疏漏，因此，有部分种类有待进一步调查发现。例如，屋顶鼠（*Rattus rattus*）、水鹿（*Rusa unicolor*）、福建大头蛙（*Limnonectes fujianensis*）、福清白环蛇（*Lycodon futsingensis*）、乌华游蛇（*Sinonatrix percarinata*）等调查时未有发现，但这些种类在佛山市周边的其他保护区都有发现。

在动物区系方面，佛山市在动物地理区划上属于东洋界华南区，因此其陆栖野生动物区系也表现出以东洋界种类为显著优势的区系特点。

就保护价值而言，调查记录的32种哺乳类中有国家Ⅱ级重点保护野生动物2种（穿山甲、小灵猫）；广东省重点保护野生动物4种（食蟹獴、红颊獴、豹猫、豪猪）；根据“三有名录”，记录到15种哺乳动物（鼬獾、黄腹鼬、豹猫、野猪等）。

调查期间记录到白鹇、松雀鹰、普通鵟、鹊鹞、红隼、蛇雕、黑冠鹃隼、褐翅鸦鹃、黑耳鸢和斑头鸺鹠等19种国家Ⅱ级重点保护鸟类，占调查到的鸟类总种数的14.73%，这些鸟类的主要分布地是佛山市境内森林资源保护比较好的林地记录到广东省重点保护野生动物10种，分别为苍鹭、牛背鹭、栗苇鳽、池鹭、小白鹭、夜鹭、绿鹭、黑水鸡、黑尾蜡嘴雀、黄胸鹀；根据“三有名录”共记录到100种鸟类，包括小白鹭、栗苇鳽、绿头鸭、灰胸竹鸡、雉鸡等。佛山市有高密度集中分布的鹭鸟栖息地：鹭岛湖、璜玑等；而保护区、风水林地等则是稀有野生动物栖息地；因此，佛山市保护、繁衍野生动物潜力巨大。

调查记录到48种爬行类中，有国家Ⅰ级重点保护野生动物1种（蟒蛇）；广东省重点保护动物1种（平胸龟）。根据“三有名录”记录到47种爬行动物。

佛山市两栖类动物中，被列为国家Ⅱ级重点保护的动物有1种（虎纹蛙）；有2种属广东省重点保护野生动物（棘胸蛙、沼水蛙）。根据“三有名录”记录到25种两栖类（版纳鱼螈、小角蟾、泽蛙、大绿蛙等）。其中的版纳鱼螈极为珍稀罕见。20世纪60年代以前，有数据显示，版纳鱼螈在以上地区的分布数量约为5 000条，但随着环境的改变，数量不断下降，多年来已极其罕见，预测已减至400条。版纳鱼螈在中国发现较晚，所以没有相应的保护措施。尽管已经列入“三有名录”，但还应进一步采取的保护措施，做好封山育林，尤其是保护水源林，防止干旱和洪水暴发。另外，建议在鱼螈主要产地建立自然保护区。

3.3.2 发现问题

野生动物是生态系统的重要组成部分，不少种类能捕食有害昆虫和鼠类，对控制佛山市境内森林和草地的虫害、鼠害，维护生态系统平衡具有积极作用，需要加强保护。而作为经济发展较快、较好的地区，野生动物的人为干扰活动较多。调查发现问题如下。

（1）由于经济利益的趋使，一些地区非法猎捕野生鸟类、蛇类、蛙类的活动时有发生，鸟、蛇、蛙资源受到严重破坏。在一些酒楼食肆、临时贩卖点，夜鹭、沼水蛙等广东省保护动物或者眼镜蛇、滑鼠蛇等“三有动物”名录物种亦有人为买卖现象，影响了一些重要物种的生存。

（2）野生动物种群受到一系列污染物的影响，包括杀虫剂、除草剂、化肥以及其他污染物，这些污染物可直接杀死两栖类，或通过影响其行为降低出生率、阻断内分泌以及引起免疫抑制而间接影响野生动物的种群数量。

（3）交通车辆经常轧死穿越马路的、运动能力不强的两栖爬行动物。

（4）貌似保护行为的、盲目动物放生活动，实际上可能将外来有害物种引入景区，造成生态灾难。调查时发现的外来有害物种有雀鳝鱼、红耳龟、牛蛙等。放生确实是佛山市自古以来就有的风俗，但盲目放生的动物一方面有可能成为外来入侵物种，另一方面，这些动物身上携带的疾病也很容易成为外来入侵物种。这些疾病如果通过与保护区中其他野生动物接触，很可能发生大规模传播。特别是放生前家养动物因密度大、与人频繁接触，很容易形成疾病爆发。一旦再把家养动物和野生动物放在一个栖息地，更容易产生交叉感染。希望有关部门加强对公园环境的监督和管理，并科学规划专门的放生区。市民也应该树立规范放生的意识，这不仅有利于保护环境和动物，更是对自己和他人负责。例如，红耳龟是国际自然保护联盟（IUCN）列出的“世界最危险的100个入侵物种”之一，原产于美国中部，对环境适应能力、繁殖力和竞争力强，食性杂，传播沙门氏杆菌，能与不同科的龟杂交，目前已经在我国长江、珠江等大部分地区发现红耳龟的野生种群，潜在的生态危害非常严重。

（5）根据现有数据统计，佛山市驯养繁殖的野生动物种类具体情况如下：哺乳动物（如箭猪）养殖主要集中在高明区荷城街道官棠村小库尾、高明区明城镇潭朗村委会文车村和南海区西樵镇岭西村等地；新西兰兔养殖主要集中在高明区明城镇潭朗村委会文车村；蛇类养殖主要集中在三水区乐平镇海洲村、贤寮村、沙塘村、高明区杨镇心田村、顺德区林头泥基地和南海区西樵镇百东村等地；鳄鱼养殖集中在佛山市乐从镇大闸村；蛙类养殖主要在三水区芦苞镇刘寨村委会旺寮村、三水区白坭镇岗头、高明区荷城街道石洲村委会秩平村、高明区明城镇苗村等地；佛山市顺德区龙长雀鸟贸易有限公司、禅城区金龙动物园和广东长鹿环保度假农庄有限公司养殖种类主要包括食蟹猴、鹦鹉、锦鸡、猕猴、黑熊、红面猴、狮、小熊猫、马鹿等。

3.3.3 对策和建议

野生动物是维护自然生态系统平衡的重要组成部分，不仅丰富了生态系统中食物网链的成分，增加了物种多样性的丰富度，而且增添了生态系统中物质循环和能量流动途径的复杂性，从而增强了生态系统的自我调节能力和稳定性。因此，保护佛山野生动物资源，对于保护生态系统的生态功能，起着十分重要的作用。根据佛山野生动物资源的现状和发展变化实际情况，对保护佛山山野生动物资源提出以下建议。

（1）佛山市近年在野生动物资源保护上已经比较重视，但是对野生动物种群数量、生态习性及行为等还了解较少，可能还有些种类未被人们所知。野生动物研究、自然保护区管理等方面，可寻求与国际国内有关团体、野生动物保护、研究单位及学者广泛的学术交流合作，培养科研人才，不断提高保护科研水平，及时了解国际研究动态和信息，为有效地监测保护区的野生动物资源提供科学数据，完善相应的保护措施。具体建议有：继续开展佛山市野生动物的调查和监测，包括利用红外线触发自动数码相机陷阱技术、监测保护区土壤动物等情况，进一步准确掌握野生动物的种类、数量及分布，为科学保护管理提供基础资料。

（2）加大野生动物保护的科普教育宣传，提高公众的保护意识。采取多种科普宣传教育的形式，大力宣传野生动物对控制虫害、鼠害，维护生态平衡的重要作用；向广大民众，提倡不食野生动物，树立饮食新风尚，在消费终端降低市场需求量，减少乱捕滥猎行为的发生。

（3）加强对水资源的保护。极佳的生态资源条件是许多对水质要求较为严格的众多野生动物得以栖息和繁殖的关键因素，因此应对野生动物多样性的关键水域减少农药的使用，尤其对野生动物赖以生存的山间溪流与水潭内应严禁电鱼。对水资源的保护对物种保护及佛山经济社会发展也意义重大。

（4）改造或规划佛山重要保护区的路下涵洞（tunnel）使其更适合两栖爬行类作为活动通道使用，并限制车辆的活动区域。当道路不可避免地经过生物的主要栖息地或自然保护区时，可建设动物廊道。例如，德国勃兰登堡州有专门为蛙类迁移修筑的涵洞，英国约克郡附近为提醒司机而设置的“蟾蜍通道”警示标志。这些都使得在保护区内建造公路和水渠引起的对两栖爬行类的隔离得到改善，并能将各个生境斑块有机联系起来，扩展两栖爬行动物的活动范围和增加生境斑块间的相互交流，解决人为造成的生境破碎化问题。

（5）加强外来物种防控工作，开展宣教活动，设立警示牌，对动物放生活动进行科学规范管理和引导，并对已经引入的外来有害动物进行有效清除。

（6）合理开发养殖和利用野生动物资源，坚持可持续发展战略。

3.4 发展建议

野生动物涉及的行业非常多，想要做好保护与利用的工作不仅仅属于自然科学的范畴，还涉及复杂的伦理学和社会学的内容，因此许多现实问题并不能很好得到解决。

3.4.1 建立数据共享平台

在涉及野生动物的部门间建立一个数据交换平台，由野生动物保护管理部门获得第一手资料，再由农林业、工商、中医药、文化和海关等部门收集第二手资料，这样可以获得较为全面的资源现状和培育利用的情况。具体包括两个方面的内容：第一是部门数据交换的制度，参考2007年国务院批复的服务业统计部联席会议制度；第二是对重要野生动物的全部培育利用过程建立数据共享，比如穿山甲、猛禽、蟒蛇、虎纹蛙等濒危物种和它们相关的产品生产、市场流向和销售动态等相关信息。

3.4.2 建立保护、培育和利用体系

构建一个野生动物资源利用的统计体系。按照其资源流向可以分为：野生动物资源的获取和培育体系、野生动物及产品的加工利用体系和野生动物及产品的市场和服务体系。在这3个不同的阶段由不同的行业负责，并深入研究形成科学的体系。

3.4.3 建立完善法规和管理制度

严格将野生动物资源纳入国家自然资源，特别是一些零散分布的人工培育部门。目前，国民经济统计一般只统计亿元以上的企业，这就导致野生动物资源利用的企业被忽略，应该改变这种硬性指标。其次，对于相关部门的监督也应加强，严格实施法律措施打击非法走私、不合理利用等行为。

参考文献

[1] 张荣祖．中国动物地理[M]．北京：科学出版社，2011：1-330．

[2] 王应祥．中国哺乳动物种和亚种分类名录与分布大全[M]．北京：中国林业出版社，2003：1-394．

[3] 盛和林．中国哺乳动物图鉴[M]．郑州：河南科学技术出版社，2005：1-527．

[4] Andrew E Smith，解焱．中国兽类野外手册．长沙：湖南教育出版社，2009：1-671．

[5] 马世来，石文英，马晓峰．中国兽类踪迹指南[M]．北京：中国林业出版社，2001：1-288．

[6] 约翰·马敬能，卡伦·菲利普斯，何芬奇．中国鸟类野外手册[M]．湖南：湖南教育出版社，2000：1-571．

[7] 郑光美．中国鸟类分类与分布名录[M]．北京：科学出版社，2011：1-456．

[8] 钱燕文．中国鸟类图鉴[M]．郑州：河南科学技术出版社，1995：1-592．

[9] 季达明．中国爬行动物图鉴[M]．河南：河南科学技术出版社，2002．

[10] 赵尔宓．中国蛇类(上、下)[M]．安徽：安徽科学技术出版社，2006：1-651．

[11] 黎振昌，肖智，刘少容．广东两栖动物和爬行动物[M]．广东：广东科技出版社，2011：1-266．

[12] 费梁，胡淑琴，叶昌媛等．中国动物志：两栖纲：上卷[M]．北京：科学出版社．2006：1-471．

[13] 费梁，胡淑琴，叶昌媛等．中国动物志：两栖纲：中卷[M]．北京：科学出版社，2009：1-957．

[14] 费梁，胡淑琴，叶昌媛等．中国动物志：两栖纲：下卷[M]．北京：科学出版社，2009：1-1847．

[15] 张荣祖．对中国动物地理学研究的几点思考[J]．兽类学报，2011，(01)：5-9．

[16] Richard W. Lewthwaite，邹发生．广东省的鸟类及考察历程[J]．动物学杂志，2015，50(04)：499-517．

[17] 蔡波，王跃招，陈跃英等．中国爬行纲动物分类厘定[J]．生物多样性，2015，23(03)：365-382．

[18] 黎振昌，肖智，刘少容．广东两栖动物和爬行动物[M]．广东：广东科技出版社，2011：1-266．

附录1　佛山市植物名录

本植物名录共收录佛山地区维管植物1038种，隶属于195科688属；其中蕨类植物27科44属60种；裸子植物9科15属21种；被子植物159科629属957种。名录中蕨类植物是按照秦仁昌系统排列；裸子植物按照郑万钧系统排列；被子植物按照哈钦松系统排列。名录中分列出植物是否栽培、外来和保护植物，栽培植物用“*”表示，外来植物用“△”表示，保护植物直接标明其保护等级。植物在佛山各区的分布亦用“√”表示。

科名	种名	栽培	保护级别	外来植物	禅城区	顺德区	南海区	高明区	三水区
P3. 石松科 Lycopodiaceae	铺地蜈蚣 *Palhinhaea cernua* (L.) Franco et Vasc						√	√	√
P4. 卷柏科 Selaginellaceae	深绿卷柏 *Selaginella doederleinii* Hieron.						√	√	√
P4. 卷柏科 Selaginellaceae	兖州卷柏 *Selaginella involvens* (Sw.) Spring						√	√	√
P4. 卷柏科 Selaginellaceae	翠云草 *Selaginella uncinata* (Desv.) Spring							√	
P4. 卷柏科 Selaginellaceae	江南卷柏 *Selaginella moellendorfii* (Hieron.) H.S.Kung				√		√	√	√
P6. 木贼科 Equisetaceae	笔管草 *Equisetum ramosissimum* Desf. subsp. debile Hauke				√	√	√	√	√
P9. 瓶尔小草科 Ophioglossaceae	瓶尔小草（箭蕨） *Ophioglossum vulgatum* L.				√	√	√	√	√
P11. 莲座蕨科 Angiopteridaceae	福建观音座莲 *Angiopteris fokiensis* Hieron.							√	
P13. 紫萁科 Osmundaceae	紫萁 *Osmunda japonica* Thunb.						√	√	√
P13. 紫萁科 Osmundaceae	华南紫萁 *Osmunda vachellii* Hook.							√	√
P15. 里白科 Gleicheniaceae	芒萁 *Dicranopteris pedata* (Houtt.) Nakaike				√	√	√	√	√
P15. 里白科 Gleicheniaceae	铁芒萁 *Dicranopteris linearis* (Burm. f.) Underw.							√	

科名	种名	栽培	保护级别	外来植物	禅城区	顺德区	南海区	高明区	三水区
P15. 里白科 Gleicheniaceae	中华里白 *Diplopterygium chinensis* (Ros.) DeVol						√	√	√
P17. 海金沙科 Lygodiaceae	曲轴海金沙 *Lygodium flexuosum* (L.) Sw.				√	√	√	√	√
P17. 海金沙科 Lygodiaceae	海金沙 *Lygodium japonioum* (Thunb.) Sw.				√	√	√	√	√
P17. 海金沙科 Lygodiaceae	小叶海金沙 *Lygodium scandens* (L.) Sw				√	√	√	√	√
P19. 蚌壳蕨科 Dicksoniaceae	金毛狗 *Cibotium barometz* (L.) J.Sm.		野生种为国家Ⅱ级保护植物		√	√	√	√	√
P20. 桫椤科 Cyatheaceae	黑桫椤 *Alsophila spinulosa* (Hook.) Tryon		野生种为国家Ⅱ级保护植物					√	
P23. 鳞始蕨科 Lindsaeaceae	团叶鳞始蕨 *Lindsaea orbiculata* (Lam.) Mett.				√	√	√	√	√
P23. 鳞始蕨科 Lindsaeaceae	异叶双唇蕨 *Lindsaea heterophyllum* Dry.							√	√
P23. 鳞始蕨科 Lindsaeaceae	乌蕨（乌韭） *Stenoloma chusanum* (L.) Ching					√	√	√	√
P26. 蕨科 Pteridiaceae	蕨 *Pteridium aquilinum* var. *latiusculum* (Desv.) Underw. ex Hell.				√		√		
P27. 凤尾蕨科 Pteridaceae	剑叶凤尾蕨（井边茜） *Pteris ensiformis* Burm.				√	√	√	√	√
P27. 凤尾蕨科 Pteridaceae	金钗凤尾蕨（傅氏凤尾蕨） *Pteris fauriei* Hieron.				√	√	√	√	√
P27. 凤尾蕨科 Pteridaceae	井栏边草 *Pteris multifida* Poir.				√	√	√	√	√
P27. 凤尾蕨科 Pteridaceae	半边旗 *Pteris semipinnata* L.				√	√	√	√	√
P27. 凤尾蕨科 Pteridaceae	蜈蚣草 *Pteris vittata* L.				√	√	√	√	√
P30. 中国蕨科 Sinopteridaceae	薄叶碎米蕨 *Cheilosoria tenuifolia* (Burm.) Trev.							√	√

科名	种名	栽培	保护级别	外来植物	禅城区	顺德区	南海区	高明区	三水区
P31. 铁线蕨科 Adiantaceae	扇叶铁线蕨 *Adiantum flabellulatum* L.				√	√	√	√	√
P31. 铁线蕨科 Adiantaceae	铁线蕨 *Adiantum capillus-veneris* L.						√	√	√
P36. 蹄盖蕨科 Athyriaceae	江南短肠蕨 *Allantodia mettenian* (Miq.) Ching							√	√
P36. 蹄盖蕨科 Athyriaceae	单叶双盖蕨 *Diplazium lancea* (Thunb.) Ching							√	√
P38. 金星蕨科 Thelypteridaceae	渐尖毛蕨 *Cyclosorus acuminata* (Houtt.) Link.						√	√	√
P38. 金星蕨科 Thelypteridaceae	华南毛蕨 *Cyclosorus parasitcus* (L.) Farwell				√	√	√	√	√
P38. 金星蕨科 Thelypteridaceae	戟叶圣蕨 *Dictyocline sagittifolia* Ching						√	√	√
P38. 金星蕨科 Thelypteridaceae	普通针毛蕨 *Macrothlypteris toressiana* (Gaud.) Ching							√	√
P38. 金星蕨科 Thelypteridaceae	单叶新月蕨 *Pronephrium simplex* (Hook.) Holtt.				√	√	√	√	√
P39. 铁角蕨科 Aspleniaceae	长生铁角蕨（长叶铁角蕨） *Asplenium prolongatum* Hook.				√	√	√	√	√
P39. 铁角蕨科 Aspleniaceae	巢蕨（鸟巢蕨） *Neottopteris nidus* (L.) J. Sm.	*			√	√			
P42. 乌毛蕨科 Blechnaceae	乌毛蕨 *Blechnum orientle* L.				√	√	√	√	√
P42. 乌毛蕨科 Blechnaceae	苏铁蕨 *Brainea insignis* (Hook.) J. Sm.				√	√	√	√	√
P42. 乌毛蕨科 Blechnaceae	狗脊蕨 *Woodwardia japonica* (L. f.) Sm.						√	√	√
P45. 鳞毛蕨科 Dryopteridaceae	镰羽贯众 *Cyrtomium balansae* (Christ) C. Chr.							√	√
P45. 鳞毛蕨科 Dryopteridaceae	阔鳞鳞毛蕨 *Dryopteris championii* (Benth.) C.Chr.							√	√
P46. 三叉蕨科 Aspidiaceae	三叉蕨（三羽叉蕨） *Tectaria subtriphylla* (Hook. et Arn.) Cop.					√	√	√	√
P46. 三叉蕨科 Aspidiaceae	下延三叉蕨 *Tectaria decurrens* (Presl) Cop.						√	√	√
P47. 实蕨科 Bolbitidaceae	华南实蕨 *Bolbitis subcordata* (Cop.) Ching							√	

科名	种名	栽培	保护级别	外来植物	禅城区	顺德区	南海区	高明区	三水区
P50. 肾蕨科 Nephrolepidaceae	肾蕨 *Nephrolepis auriculata* (L.) Trimen				√	√	√	√	√
P50. 肾蕨科 Nephrolepidaceae	大叶骨碎补 *Davallia formosana* Hay.							√	
P50. 肾蕨科 Nephrolepidaceae	阴石蕨（红毛蛇）*Humata repens* (L.f.) Diels							√	
P50. 肾蕨科 Nephrolepidaceae	圆盖阴石蕨（白毛蛇）*Humata tyermenni* Moore							√	
P56. 水龙骨科 Polypodiaceae	断线蕨 *Colysis hemionitidea* (Wall.) Presl							√	√
P56. 水龙骨科 Polypodiaceae	抱树莲 *Drymoglossum pilosselloides* (L.) Presl						√	√	√
P56. 水龙骨科 Polypodiaceae	伏石蕨 *Lemmaphyllum microphyllum* Presl						√	√	√
P56. 水龙骨科 Polypodiaceae	瓦韦 *Lepisorus thunbergianus* (Kaulf.) Ching						√	√	√
P56. 水龙骨科 Polypodiaceae	江南星蕨 *Microsorium henryi* (Chr.) Kuo							√	√
P56. 水龙骨科 Polypodiaceae	石韦 *Pyrrosia lingua* (Thunb.) Farwell				√	√	√	√	√
P57. 槲蕨科 Drynariaceae	崖姜蕨 *Pseudodrynaria coronans* (Wall.) Ching								√
P61. 苹科 Marsileaceae	苹（四叶苹）*Marsilea quadrifolia* L.				√	√	√	√	√
P62. 槐叶苹科 Salviniaceae	槐叶苹 *Salvinia natans* (L.) All.				√	√	√	√	√
G1. 苏铁科 Cycadaceae	苏铁（铁树）*Cycas revoluta* Thunb.	*			√	√	√	√	√
G2. 银杏科 Ginkgoaceae	银杏（白果）*Ginkgo biloba* L.	*	野生种为国家Ⅰ级保护植物		√	√	√		
G3. 南洋杉科 Araucariaceae	肯氏南洋杉（猴子杉）*Araucaria cunninghamia* Sweet	*		△	√	√	√		
G3. 南洋杉科 Araucariaceae	南洋杉 *Araucaria heterophylla* (Salisb.) Franco	*		△	√	√	√	√	√

科名	种名	栽培	保护级别	外来植物	禅城区	顺德区	南海区	高明区	三水区
G4. 松科 Pinaceae	加勒比松 *Pinus caribaea* Morelet	*			√	√	√		
G4. 松科 Pinaceae	湿地松 *Pinus elliottii* Engelm.	*			√	√	√	√	√
G4. 松科 Pinaceae	马尾松 *Pinus massoniana* Lamb.	*			√	√	√	√	√
G5. 杉科 Taxodiaceae	柳杉 *Cryptomeria fortunei* Hooibrenk	*						√	√
G5. 杉科 Taxodiaceae	杉木 *Cunninghamia lanceolata* (Lamb.) Hook	*			√	√	√	√	√
G5. 杉科 Taxodiaceae	池杉 *Taxodium ascendens* Brongn.	*		△	√	√	√	√	√
G5. 杉科 Taxodiaceae	落羽杉（落羽松） *Taxodium distichum* (L.) Rich.	*		△	√	√	√	√	√
G6. 柏科 Cupressaceae	圆柏 *Sabina chinensis* (L.) Art	*			√	√	√	√	√
G6. 柏科 Cupressaceae	龙柏 *Juniperus chinensis* ‘Kaizuca’	*			√	√	√	√	√
G6. 柏科 Cupressaceae	侧柏 *Thuja orientalis* L.	*			√	√	√	√	√
G7. 罗汉松科 Podocarpaceae	鸡毛松 *Dacrycarpus imbricatus* (Bl.) de Laubenf.	*			√	√			
G7. 罗汉松科 Podocarpaceae	罗汉松 *Podocarpus macrophyllus* (Thunb.) D. Don	*			√	√	√	√	√
G7. 罗汉松科 Podocarpaceae	长叶竹柏 *Nageia fleuryi* (Hickel) de Laub.	*			√	√	√	√	√
G7. 罗汉松科 Podocarpaceae	竹柏 *Nageia nagi* (Thunb.) Kuntz.	*			√	√	√	√	√
G9. 红豆杉科 Taxaceae	南方红豆杉 *Taxus wallichiana* Zucc. Var. *mairei* (Lemée et Lévl.) L. K. Fu & Nan Li	*			√	√	√	√	√
G12. 买麻藤科 Gnetaceae	罗浮买麻藤 *Gnetum lofuense* C. Y. Cheng					√	√	√	√
G12. 买麻藤科 Gnetaceae	小叶买麻藤 *Gnetum parvifolium* (Warb.) C. Y. Cheng						√	√	√
1. 木兰科 Magnoliaceae	夜合木兰 *Magnolia coco* (Lour.) DC.	*			√	√			
1. 木兰科 Magnoliaceae	玉兰（玉堂春） *Magnolia denudata* Desr.	*			√	√			

科名	种名	栽培	保护级别	外来植物	禅城区	顺德区	南海区	高明区	三水区
1. 木兰科 Magnoliaceae	荷花玉兰 *Magnolia grandiflora* L.	*			√	√			
1. 木兰科 Magnoliaceae	灰木莲 Manglietia glauca Bl.	*					√	√	√
1. 木兰科 Magnoliaceae	白兰 *Michelia alba* DC.	*			√	√	√	√	√
1. 木兰科 Magnoliaceae	黄兰 *Michelia champaca* L.	*			√	√	√	√	√
1. 木兰科 Magnoliaceae	乐昌含笑 *Michelia chapensis* Dandy	*					√	√	√
1. 木兰科 Magnoliaceae	含笑 *Michelia figo* (Lour.) Spreng.	*			√	√	√	√	√
1. 木兰科 Magnoliaceae	火力楠 *Michelia macclurei* Dandy	*				√	√	√	√
1. 木兰科 Magnoliaceae	深山含笑 *Michelia maudiae* Dunn				√	√	√	√	√
1. 木兰科 Magnoliaceae	观光木 *Tsoongiodendron odorum* Chun	*					√	√	
2A. 八角科 Illiciaceae	红花八角 *Illicium dunnianum* Tutcher						√	√	√
3. 五味子科 Schizandraceae	黑老虎 *Kadsura coccinea* (Lem.) Smith						√	√	√
8. 番荔枝科 Annonaceae	番荔枝 *Annona squamosa* L.				√	√	√	√	√
8. 番荔枝科 Annonaceae	假鹰爪（酒饼叶） *Desmos chinensis* Lour.				√	√	√	√	√
8. 番荔枝科 Annonaceae	瓜馥木 *Fissistigma oldhamii* (Hemsl.) Merr.						√	√	√
8. 番荔枝科 Annonaceae	白背瓜馥木 *Fissistigma glaucescens* (Hance) Merr.				√	√	√	√	√
8. 番荔枝科 Annonaceae	紫玉盘 *Uvaria microcarpa* Champ. et Benth.				√	√	√	√	√
8. 番荔枝科 Annonaceae	山椒子 *Uvaria grandiflora* Roxb.							√	
11. 樟科 Lauraceae	毛黄肉楠 *Actinodaphne pilosa* (Lour.) Merr.	*			√		√	√	
11. 樟科 Lauraceae	无根藤 *Cassytha filiformis* L.				√	√	√	√	√

科名	种名	栽培	保护级别	外来植物	禅城区	顺德区	南海区	高明区	三水区
11. 樟科 Lauraceae	阴香 *Cinnamomum burmanni* Bl.				√	√	√	√	√
11. 樟科 Lauraceae	樟树 *Cinnamomum camphora* (L.) Presl	*	野生种为国家Ⅱ级保护植物		√	√	√	√	√
11. 樟科 Lauraceae	肉桂 *Cinnamomum cassia* Presl				√	√	√	√	√
11. 樟科 Lauraceae	黄樟 *Cinnamomum parthenoxylum* Nees				√	√	√	√	√
11. 樟科 Lauraceae	厚壳桂 *Cryptocarya chinensis* (Hance) Hemsl.							√	√
11. 樟科 Lauraceae	黄果厚壳桂 *Cryptocarya concinna* Hance						√	√	√
11. 樟科 Lauraceae	乌药 *Lindera aggregata* (Sims) Kosterm						√	√	√
11. 樟科 Lauraceae	陈氏钓樟 *Lindera chunii* Merr.						√	√	√
11. 樟科 Lauraceae	香叶树 *Lindera communis* Hemsl.						√	√	√
11. 樟科 Lauraceae	山苍子（山鸡椒） *Litsea cubeba* (Lour.) Pers.				√	√	√	√	√
11. 樟科 Lauraceae	潺槁树（潺槁木姜） *Litsea glutinosa* (Lour.) C. B. Rob.				√	√	√	√	√
11. 樟科 Lauraceae	假柿树（假柿木姜） *Litsea monopetala* (Roxb.) Pers.				√	√	√	√	√
11. 樟科 Lauraceae	豺皮樟 *Litsea rotundifolia* var. *oblongifolia* (Nees.) Allen				√	√	√	√	√
11. 樟科 Lauraceae	短序润楠 *Machilus breviflora* (Benth.) Hemsl.							√	√
11. 樟科 Lauraceae	浙江润楠 *Machilus chekiangensis* S. Lee						√	√	√
11. 樟科 Lauraceae	华润楠 *Machilus chinensis* (Champ. ex Benth.) Hemsl.						√	√	√
11. 樟科 Lauraceae	薄叶润楠 *Machilus leptophylla* Hand.-Mazz.								√

科名	种名	栽培	保护级别	外来植物	禅城区	顺德区	南海区	高明区	三水区
11. 樟科 Lauraceae	红楠 *Machilus thunbergii* Sieb. et Zucc.						√	√	√
11. 樟科 Lauraceae	绒楠（绒毛润楠）*Machilus velutina* Champ. ex Benth.						√	√	√
11. 樟科 Lauraceae	鸭公树（仁面樟）*Neolitse chuii* Merr.							√	
11. 樟科 Lauraceae	美丽新木姜 *Neolitsea pulchella* (Meissn.) Merr.							√	
13A. 青藤科 Illigeraceae	红花青藤 *Illigera rhodantha* Hance						√	√	√
15. 毛茛科 Ranunculacx	厚叶铁线莲 *Clematis crassifolia* Beuth							√	
15. 毛茛科 Ranunculacx	威灵仙 *Clematis chinensis* Osbeck.						√	√	√
15. 毛茛科 Ranunculacx	柱果铁线莲 *Clematis uncinata* Champ.						√	√	√
15. 毛茛科 Ranunculacx	茴茴蒜 *Ranunculus chinensis* Bunge				√	√	√	√	√
15. 毛茛科 Ranunculacx	石龙芮 *Ranunculus sceleratus* L.				√	√	√	√	√
18. 睡莲科 Nymphaeaceae	莲（荷花）*Nelumbo nucifera* Gaertn.	*			√	√	√	√	√
18. 睡莲科 Nymphaeaceae	睡莲 *Nymphaea tetragona* Georgi				√	√	√	√	√
19. 小檗科 Berberidaceae	华南十大功劳 *Mahonia japonica* (Thunb.) DC.							√	√
19. 小檗科 Berberidaceae	南天竹 *Nandina domestica* Thunb.	*			√	√			
21. 木通科 Lardizabalaceae	野木瓜（七叶莲）*Stauntonia chinensis* DC.					√	√	√	√
21. 木通科 Lardizabalaceae	斑点野木瓜 *Stauntonia maculata* Merr.					√	√	√	√
23. 防己科 Menispermaceae	木防已 *Cocculus orbiculatus* (L.) DC.				√		√	√	√
23. 防己科 Menispermaceae	毛叶轮环藤 *Cyclea barbata* Miers						√	√	√
23. 防己科 Menispermaceae	夜花藤 *Hypserpa nitida* Miers					√	√	√	√

科名	种名	栽培	保护级别	外来植物	禅城区	顺德区	南海区	高明区	三水区
23. 防己科 Menispermaceae	细圆藤 *Pericampylus glaucus* (Lam.) Merr.				√	√	√	√	√
23. 防己科 Menispermaceae	金线吊乌龟 *Stephania cepharantha* Hayata ex Yamamoto				√	√			
23. 防己科 Menispermaceae	粪箕笃 *Stephania longa* Lour.				√	√	√	√	√
28. 胡椒科 Piperaceae	草胡椒 *Peperomia pellucida* (L.) Kunth.				√	√	√	√	√
28. 胡椒科 Piperaceae	山蒟 *Piper hancei* Maxim.							√	√
28. 胡椒科 Piperaceae	假蒟 *Piper sarmentosum* Roxb.				√	√	√	√	√
29. 三白草科 Saururaceae	蕺菜（鱼腥草） *Houttuynia cordata* Thunb.				√	√	√	√	√
30. 金粟兰科 Chloranthaceae	草珊瑚 *Sarcandra glabra* (Thunb.) Nakai					√	√	√	√
36. 白花菜科 Capparidaceae	尖叶槌果藤 *Capparis acutifolia* Sweet							√	√
36. 白花菜科 Capparidaceae	广州槌果藤 *Capparis cantoniensis* Lour.							√	√
39. 十字花科 Brassicaceae	芥兰 *Brassica alboglabra* Bail.	*			√	√	√	√	√
39. 十字花科 Brassicaceae	芥菜 *Brassica juncea* (L.) Czern. et Coss.	*			√	√	√	√	√
39. 十字花科 Brassicaceae	椰菜 *Brassica oleracea* var. *capitata* L.	*			√	√	√	√	√
39. 十字花科 Brassicaceae	菜心 *Brassica parachinensis* L.H.Bailey	*			√	√	√	√	√
39. 十字花科 Brassicaceae	荠菜 *Capsella bursapastoris* (L.)Medic.				√	√	√	√	√
39. 十字花科 Brassicaceae	弯曲碎米荠 *Cardamine flexuosa* With.				√	√	√	√	√
39. 十字花科 Brassicaceae	碎米荠 *Cardamine hirsuta* L.				√	√	√	√	√
39. 十字花科 Brassicaceae	西洋菜 *Nasturtium officinale* R.Br.	*			√	√	√	√	√
39. 十字花科 Brassicaceae	萝卜 *Raphauns sativus* L.	*			√	√	√	√	√

科名	种名	栽培	保护级别	外来植物	禅城区	顺德区	南海区	高明区	三水区
39. 十字花科 Brassicaceae	风花菜(圆果焊菜) *Rorippa globosa* (Turcz.) Vassilcz.				√	√	√	√	√
39. 十字花科 Brassicaceae	蔊菜(塘葛菜) *Rorippa indica* (L.) Hiern.				√	√	√	√	√
40. 堇菜科 Violaceae	犁头草(长萼堇菜) *Viola inconspicua* Blume				√	√	√	√	√
42. 远志科 Polygalaceae	黄花倒水莲 *Polygala aureocauda* Dunn							√	
42. 远志科 Polygalaceae	香港远志 *Polygala hongkongensis* Benth.						√	√	√
42. 远志科 Polygalaceae	齿果草(莎萝莽) *Salomonia cantoniensis* Lour.				√	√	√	√	√
53. 石竹科 Caryophyllaceae	荷莲豆 *Drymaria cordata* (L.) Willd.				√	√	√	√	√
53. 石竹科 Caryophyllaceae	繁缕 *Stellaria medica* (L.) Vill.				√	√	√	√	√
54. 粟米草科 Molluginaceae	粟米草 *Mollugo pentaphylla* L.							√	√
56. 马齿苋科 Portulacaceae	马齿苋 *Portulaca oleracea* L.				√	√	√	√	√
56. 马齿苋科 Portulacaceae	土人参 *Talinum paniculatum* (Jacq.) Gaert.				√	√	√	√	√
57. 蓼科 Polygonaceae	何首乌(夜交藤、首乌) *Fallopia multiflorum* (Thunb.) Harald.				√	√	√	√	√
57. 蓼科 Polygonaceae	毛蓼 *Polygonum barbatum* L.						√	√	√
57. 蓼科 Polygonaceae	火炭母 *Polygonum chinensis* L.				√	√	√	√	√
57. 蓼科 Polygonaceae	箭叶蓼 *Polygonum hastato-sagittatum* Makino							√	
57. 蓼科 Polygonaceae	水蓼(辣蓼) *Polygonum hydropiper* L.				√	√	√	√	√
57. 蓼科 Polygonaceae	扛板归(老虎利、犁头刺) *Polygonum perfoliatum* L.				√	√	√	√	√
57. 蓼科 Polygonaceae	腋花蓼 *Polygonum plebium* R.Br.				√	√	√	√	√
59. 商陆科 Phytolaccaceae	商陆 *Phytolaca acinnosa* Roxb.				√	√	√	√	√

科名	种名	栽培	保护级别	外来植物	禅城区	顺德区	南海区	高明区	三水区
61. 藜科 Chenopodiaceae	莙荙菜 *Beta vulgaris* L. var. *cicla* L.	*			√	√	√	√	√
61. 藜科 Chenopodiaceae	土荆芥 *Chenopodium ambrosioides* L.				√	√	√	√	√
61. 藜科 Chenopodiaceae	菠菜（菠薐） *Spinacia oleracea* L.	*			√	√	√	√	√
63. 苋科 Amaranthaceae	土牛膝（扣子草、倒扣草） *Achyranthes aspera* L.				√	√	√	√	√
63. 苋科 Amaranthaceae	空心莲子草 *Alternanthera philoxeroides* (Mart.) Griseb.			△	√	√	√	√	√
63. 苋科 Amaranthaceae	虾钳菜 *Alternanthera sessilis* (L.) R. Br.				√	√	√	√	√
63. 苋科 Amaranthaceae	刺苋（簕苋菜） *Amaranthus spinosus* L.				√	√	√	√	√
63. 苋科 Amaranthaceae	苋（雁来红） *Amaranthus tricolor* L.	*			√	√	√	√	√
63. 苋科 Amaranthaceae	野苋（皱果苋、白苋、假苋菜） *Amaranthus viridis* L.				√	√	√	√	√
63. 苋科 Amaranthaceae	青葙 *Celosia argentea* L.				√	√	√	√	√
63. 苋科 Amaranthaceae	鸡冠花 *Celosia cristata* L.	*			√	√	√	√	√
64. 落葵科 Basellaceae	落葵（藤菜、潺菜） *Bassella alba* L.	*			√	√	√	√	√
69. 酢浆草科 Oxalidaceae	阳桃 *Averrhoa carambola* L.	*			√	√	√	√	√
69. 酢浆草科 Oxalidaceae	酢浆草（酸味草、黄花酢浆草） *Oxalis cornicula* L.				√	√	√	√	√
69. 酢浆草科 Oxalidaceae	红花酢浆草（大酸味草） *Oxalis corymbosa* DC.			△	√	√	√	√	√
72. 千屈菜科 Lythraceae	紫薇 *Lagerstroemia indica* Linn	*			√	√	√	√	√
72. 千屈菜科 Lythraceae	大叶紫薇 *Lagerstroemia speciosa* (L.) Pers.	*			√	√	√	√	√
72. 千屈菜科 Lythraceae	圆叶节节菜 *Rotala rotundifolia* (Buch.-Ham.) Koehne				√	√	√	√	√
75. 安石榴科 Punicaeae	安石榴 *Punica granatum* L.	*			√	√	√	√	√

科名	种名	栽培	保护级别	外来植物	禅城区	顺德区	南海区	高明区	三水区
77. 柳叶菜科 Onagraceae	草龙 *Ludwigia hyssopifolia* (G.Don) Exell				√	√	√	√	√
77. 柳叶菜科 Onagraceae	水龙 *Jussiaea repens* L.				√	√	√	√	√
77. 柳叶菜科 Onagraceae	毛草龙 *Ludwigia suffruticosa* L.				√	√	√	√	√
83. 紫茉莉科 Nyctaginaceae	黄花小二仙草 *Haloragis chinensis* (Lour.) Merr.				√	√	√	√	√
81. 瑞香科 Thymelaeaceae	土沉香（白木香） *Aquilaria sinensis* (Lour.) Gilg		野生种为国家Ⅱ级保护植物		√	√	√	√	√
81. 瑞香科 Thymelaeaceae	了哥王 *Wikstroemia indica* C. A. Mey.						√	√	√
81. 瑞香科 Thymelaeaceae	细轴荛花 *Wikstroemia nutuns* Champ.				√	√	√	√	√
83. 紫茉莉科 Nyctaginaceae	宝巾（簕杜鹃、叶子花） *Bougainvillea glabra* Choisy	*		△	√	√	√	√	√
83. 紫茉莉科 Nyctaginaceae	紫茉莉（胭脂花、午时花） *Mirabilis jalapa* L.	*		△	√	√	√	√	√
84. 山龙眼科 Proteaceae	银桦 *Grevillea robusta* Cunn.	*		△	√	√	√		
84. 山龙眼科 Proteaceae	越南山龙眼 *Helicia cochinensis* Lour.						√	√	√
84. 山龙眼科 Proteaceae	网脉山龙眼 *Helicia reticulata* W. T. Wang						√	√	√
85. 五桠果科 Dilleniaceae	锡叶藤 *Tetracera asiatica* (Lour.) Hoogl.				√	√	√	√	√
88. 海桐花科 Pittosporaceae	光叶海桐 *Pittosporum glabratum* Lindl.							√	√
88. 海桐花科 Pittosporaceae	海桐花 *Pittosporum tobira* (Thunb.) Ait.	*			√	√	√	√	√
93. 大风子科 Flacourtiaceae	广东刺柊 *Scolopia saeva*(Hce.)Hance							√	√
93. 大风子科 Flacourtiaceae	南岭柞木 *Xylosma controverum* Clos							√	

科名	种名	栽培	保护级别	外来植物	禅城区	顺德区	南海区	高明区	三水区
94. 天料木科 Homalaceae	天料木 *Homalium cochinchinense* (Lour.) Druce					√	√	√	√
94. 天料木科 Homalaceae	嘉赐树 *Casearia glomerata* Roxb.							√	
101. 西番莲科 Passifloraceae	鸡蛋果（西番莲） *Passiflora edulis* Sims	*			√	√	√	√	√
101. 西番莲科 Passifloraceae	龙珠果（元珠果、龙须果） *Passiflora foetida* L.				√	√	√	√	√
101. 西番莲科 Passifloraceae	三角西番莲 *Passiflora suberosa* L.			△	√	√	√	√	√
103. 葫芦科 Cucurbitaceae	冬瓜 *Benincasa hispida* (Thunb.) Cogn.	*			√	√	√	√	√
103. 葫芦科 Cucurbitaceae	节瓜 *Benincasa hispida* (Thunb.) Cogn. var. *chieh-qua* How	*			√	√	√	√	√
103. 葫芦科 Cucurbitaceae	西瓜 *Citrullus lanatus* (Thunb.) Mansf.	*			√	√	√	√	√
103. 葫芦科 Cucurbitaceae	黄瓜 *Cucumis sativa* L.	*			√	√	√	√	√
103. 葫芦科 Cucurbitaceae	南瓜 *Cucurbita moschata* (Duch.) Poir.	*			√	√	√	√	√
103. 葫芦科 Cucurbitaceae	葫芦 *Lagenaria siceraria* (Thunb.)Makin.	*			√	√	√	√	√
103. 葫芦科 Cucurbitaceae	丝瓜 *Luffa acutangula* (L.) Roxb.	*			√	√	√	√	√
103. 葫芦科 Cucurbitaceae	水瓜 *Luffa cylindrica* Roem.	*			√	√	√	√	√
103. 葫芦科 Cucurbitaceae	苦瓜（凉瓜） *Momordica charantia* L.	*			√	√	√	√	√
103. 葫芦科 Cucurbitaceae	木鳖子 *Momordica cochinchinensis* (Lour.)Spreng.					√	√	√	√
103. 葫芦科 Cucurbitaceae	绞股蓝 *Gynostemma pentaphyllum* (Thunb.) Makino							√	√
103. 葫芦科 Cucurbitaceae	栝楼 *Trichosanthes kirilowii* Maxim.						√	√	√
103. 葫芦科 Cucurbitaceae	全缘栝楼 *Trichosanthes ovigera* Bl.							√	√
103. 葫芦科 Cucurbitaceae	老鼠拉冬瓜 *Zeheria indica Keraudren* Cogn.				√	√	√	√	√

科名	种名	栽培	保护级别	外来植物	禅城区	顺德区	南海区	高明区	三水区
104. 秋海棠科 Begoniaceae	裂叶秋海棠 *Begonia laciniata* Roxb.						√	√	√
104. 秋海棠科 Begoniaceae	粗喙秋海棠 *Begonia longifolia* Blume							√	
104. 秋海棠科 Begoniaceae	四季秋海棠（蚬肉秋海棠）*Begonia semperflorens* Link et Otto	*			√	√	√	√	√
106. 番木瓜科 Caricaceae	番木瓜（木瓜、万寿果）*Carica papaya* L.	*		△	√	√	√	√	√
107. 仙人掌科 Cactaceae	昙花 *Epiphylllum oxypetalum* (DC.) Haw.	*			√	√	√	√	√
107. 仙人掌科 Cactaceae	量天尺（霸王鞭、剑花）*Hylocereus triangularis* Haw.	*			√	√	√	√	√
107. 仙人掌科 Cactaceae	蟹爪兰 *Zygocactus truncatus* (Haw.) K.Schum.	*			√	√	√	√	√
108. 山茶科 Theaceae	黄瑞木 *Adinandra millettii* (Hook. et Arn.) Benth.					√	√	√	√
108. 山茶科 Theaceae	茶花（山茶、红山茶）*Camellia japonica* L.	*			√	√	√	√	√
108. 山茶科 Theaceae	油茶（白花油茶）*Camellia oleifera* Abel.	*			√	√	√	√	√
108. 山茶科 Theaceae	广宁油花（红花油茶、南山茶）*Camellia semiserrata* Chi	*			√	√	√		
108. 山茶科 Theaceae	茶 *Camellia sinensis* (L.) O. Ktze	*			√	√	√	√	√
108. 山茶科 Theaceae	米碎花（岗茶）*Eurya chinensis* R. Br.				√	√	√	√	√
108. 山茶科 Theaceae	华南毛柃 *Eurya ciliata* Merr.						√	√	√
108. 山茶科 Theaceae	二列叶柃 *Eurya distichophylla* Hemsl.					√	√	√	√
108. 山茶科 Theaceae	锲基腺柃 *Eurya glandulosa* var. *cuneiformis* Chang							√	√
108. 山茶科 Theaceae	岗柃 *Eurya groffii* Merr.				√	√	√	√	√
108. 山茶科 Theaceae	木荷（荷树、荷木）*Schima superba* Gardn. et Champ.				√	√	√	√	√
108. 山茶科 Theaceae	厚皮香 *ernstroemia gymnanthera* Spragus							√	√

科名	种名	栽培	保护级别	外来植物	禅城区	顺德区	南海区	高明区	三水区
108. 山茶科 Theaceae	石笔木 *Tutcheria championii* Kakai							√	√
108A. 五列木科 Pentaphylaceae	五列木 *Pentaphylax euryoides* Gard. et Champ.							√	
112. 猕猴桃科 Actinidiaceae	阔叶猕猴桃（多花猕猴桃） *Actinidia latifolia* (Gardn. et Champ.) Merr.						√	√	√
113. 水东哥科 Saurauiaceae	水东哥 *Saurauia tristyla* DC.						√	√	√
118. 桃金娘科 Myrtaceae	岗松（扫把枝） *Baeckea frutescens* L.				√	√	√	√	√
118. 桃金娘科 Myrtaceae	红千层 *Callistemon rigidus* R.Br.	*		△	√	√	√	√	
118. 桃金娘科 Myrtaceae	串钱柳 *Callistemon viminalis* (Soland.) Cheel.	*		△	√	√	√	√	√
118. 桃金娘科 Myrtaceae	水翁（水榕、水翁花） *Cleistocalyx operoulatus* (Roxb.) Nerr.et Perry				√	√	√	√	√
118. 桃金娘科 Myrtaceae	赤桉 *Eucalyptus camaldulensis* Dchnh.	*			√	√	√	√	√
118. 桃金娘科 Myrtaceae	柠檬桉 *Eucalyptus citriodora* Hook. f.	*		△	√	√	√	√	√
118. 桃金娘科 Myrtaceae	尾叶桉 *Eucalyptus urophylla* S. T. Blake	*		△	√	√	√	√	√
118. 桃金娘科 Myrtaceae	黄金香柳 *Melaleuca bracteata* ‘Revolution Gold’	*		△	√	√	√	√	√
118. 桃金娘科 Myrtaceae	白千层 *Melaleuca leucadendra* L.	*		△	√	√	√	√	√
118. 桃金娘科 Myrtaceae	番石榴 *Psidium guajava* L.	*			√	√	√	√	√
118. 桃金娘科 Myrtaceae	桃金娘 *Rhodomyrtus tomentosa* (Ait.) Hassk.				√	√	√	√	√
118. 桃金娘科 Myrtaceae	赤楠 *Syzygium buxifolium* Hook. et Arn.						√	√	√
118. 桃金娘科 Myrtaceae	海南蒲桃（乌墨） *Syzygium cumini* (L.) Skeels	*			√	√	√	√	√
118. 桃金娘科 Myrtaceae	红鳞蒲桃（小花蒲桃） *Syzygium hancei* Merr. et Perry						√	√	√
118. 桃金娘科 Myrtaceae	蒲桃 *Syzygium jambos* (L.) Alston				√	√	√	√	√

科名	种名	栽培	保护级别	外来植物	禅城区	顺德区	南海区	高明区	三水区
118. 桃金娘科 Myrtaceae	山蒲桃 *Syzygkum levinei* Merr. et Perry						√	√	√
118. 桃金娘科 Myrtaceae	红枝蒲桃 *Syzygium rehderianum* Merr. et Perry				√	√	√	√	√
120. 野牡丹科 Melastomaceae	柏拉木 *Blastus cochinchinensis* Lour.							√	√
120. 野牡丹科 Melastomaceae	多花野牡丹 *Melastoma affine* D.Don				√	√	√	√	√
120. 野牡丹科 Melastomaceae	野牡丹 *Melastoma candidum* D. Don				√	√	√	√	√
120. 野牡丹科 Melastomaceae	地稔 *Melastoma dodecanddrum* Lour				√	√	√	√	√
120. 野牡丹科 Melastomaceae	展毛野牡丹 *Melastoma normale* D. Don				√	√	√	√	√
120. 野牡丹科 Melastomaceae	毛稔 *Melastoma sanguineum* Sims				√	√	√	√	√
120. 野牡丹科 Melastomaceae	黑叶谷木 *Memecylon nigrescens* Hook. et Arn.						√	√	√
120. 野牡丹科 Melastomaceae	朝天罐 *Osbekia opipara* C.Y.Wu et C. Chen							√	
120. 野牡丹科 Melastomaceae	巴西野牡丹 *Tibouchina semidecandra* Cogn.	*		△	√	√	√		
121. 使君子科 Combretaceae	使君子 *Quisqualis indica* L.	*		△	√	√	√	√	√
121. 使君子科 Combretaceae	小叶榄仁 *Terminalia mantaly* H. Perrier	*			√	√	√	√	√
121. 使君子科 Combretaceae	榄仁树 *Terminalia catappa* L.	*			√	√	√		
122. 红树科 Rhizophoraceae	竹节树 *Carallia brachiata* (Lour.) Merr.							√	√
123. 金丝桃科 Hypericaceae	黄牛木 *Cratoxylum cochinchinensis* (Lour.) Bl.				√	√	√	√	√
123. 金丝桃科 Hypericaceae	田基黄（地耳草） *Hypericum japonicum* Thunb.				√	√	√	√	√
126. 藤黄科 Guttiferae	岭南山竹子 *Garcinia oblongifolia* Champ.						√	√	√
128. 椴树科 Tiliaceae	假黄麻（甜麻） *Corchorus aestuans* L.					√	√	√	√

科名	种名	栽培	保护级别	外来植物	禅城区	顺德区	南海区	高明区	三水区
128. 椴树科 Tiliaceae	破布叶（布渣叶） *Microcos paniculata* L.					√	√	√	√
128. 椴树科 Tiliaceae	刺蒴麻 *Triumfetta rhomboidea* Jacq.				√	√	√	√	√
128A. 杜英科 Elaeocarpaceae	尖叶杜英 *Elaeocarpus apiculatus* Mast.	*			√	√	√		
128A. 杜英科 Elaeocarpaceae	华杜英 *Elaeocarpus chinensis* (Gardn. et Champ.) Hook. f.						√	√	√
128A. 杜英科 Elaeocarpaceae	海南杜英（水石榕） *Elaeocarpus hainanensis* Oliv.	*			√	√	√	√	√
128A. 杜英科 Elaeocarpaceae	绢毛杜英 *Elaeocarpus nitentifolius* Merr. et Chun					√		√	√
128A. 杜英科 Elaeocarpaceae	山杜英 *Elaeocarpus sylvestris* (Lour.) Poir.				√	√	√	√	√
128A. 杜英科 Elaeocarpaceae	猴欢喜 *Sloanea sinensis* (Hance) Hemsl.							√	√
130. 梧桐科 Sterculiaceae	刺果藤 *Byttneria aspera* Colebr						√	√	√
130. 梧桐科 Sterculiaceae	山芝麻 *Helicteres angustifolia* L.				√	√	√	√	√
130. 梧桐科 Sterculiaceae	马松子 *Melochia corchorifolia* L.					√	√	√	√
130. 梧桐科 Sterculiaceae	两广梭罗 *Reevesia thyrsoidea* Lindl.							√	√
130. 梧桐科 Sterculiaceae	假苹婆 *Sterculia lanceolata* Cav.				√	√	√	√	√
130. 梧桐科 Sterculiaceae	蛇婆子 *Walthria americana* L.				√	√	√	√	√
131. 木棉科 Bombacaceae	木棉（英雄树、红棉） *Bombax ceiba* L.	*			√	√	√		
131. 木棉科 Bombacaceae	美人树（美丽异木棉） *Ceiba insignis* Kunth	*		△	√	√	√		
131. 木棉科 Bombacaceae	巴拉巴栗 *Pachira glabra* Pasq.	*			√	√	√		
132. 锦葵科 Malvaceae	黄葵（假山稔） *Abelmoschus moschatus* (L.) Medic				√	√	√	√	√
132. 锦葵科 Malvaceae	磨盘草 *Abutilon indicum* (L.) Medic.				√	√	√	√	√

科名	种名	栽培	保护级别	外来植物	禅城区	顺德区	南海区	高明区	三水区
132. 锦葵科 Malvaceae	木芙蓉（芙蓉花） *Hibiscus mutabilis* L.				√	√	√	√	√
132. 锦葵科 Malvaceae	大红花（扶桑、朱槿） *Hibiscus rosa-sinensis* L.	*			√	√	√	√	√
132. 锦葵科 Malvaceae	木槿 *Hibiscus syriacus* L.	*			√		√	√	√
132. 锦葵科 Malvaceae	玫瑰茄 *Hibiscus sabdariffa* L.	*			√	√			
132. 锦葵科 Malvaceae	黄槿 *Hibiscus tiliaceus* L.				√	√	√	√	√
132. 锦葵科 Malvaceae	赛葵（假葵） *Malvastrum coromandelianum* (L.) Garcke						√	√	√
132. 锦葵科 Malvaceae	黄花稔（扫把麻） *Sida acuta Burm* f.				√	√	√	√	√
132. 锦葵科 Malvaceae	白背黄花稔 *Sida rhombifolia* L.				√	√	√	√	√
132. 锦葵科 Malvaceae	肖梵天花（地桃花） *Urena lobata* L.				√	√	√	√	√
132. 锦葵科 Malvaceae	梵天花（狗脚迹） *Urena procumbens* L.				√	√	√	√	√
136. 大戟科 Euphorbiaceae	铁苋菜（海蚌含珠） *Acalypha australis* L.				√	√	√	√	√
136. 大戟科 Euphorbiaceae	红桑 *Acalypha wilkesiana* Muell.-Arg.	*			√	√			
136. 大戟科 Euphorbiaceae	红背山麻秆（红背叶） *Alchornea trewioides* (Benth.) Muell.-Arg.				√	√	√	√	√
136. 大戟科 Euphorbiaceae	五月茶 *Antidesma bunius* Spreng.						√	√	√
136. 大戟科 Euphorbiaceae	酸味子 *Antidesma japonicum* S. et Z.					√	√	√	√
136. 大戟科 Euphorbiaceae	银柴（大沙叶） *Aporosa dioica* (Roxb) Muell.-Arg.				√	√	√	√	√
136. 大戟科 Euphorbiaceae	秋枫 *Bischofia javanica* Bl.	*			√	√	√	√	√
136. 大戟科 Euphorbiaceae	禾串树 *Bredelia insulana* Hance						√	√	√
136. 大戟科 Euphorbiaceae	土蜜树（逼迫子） *Bredelia monoica* (Lour.) Merr.				√	√	√	√	√

科名	种名	栽培	保护级别	外来植物	禅城区	顺德区	南海区	高明区	三水区
136. 大戟科 Euphorbiaceae	黑面神（鬼划符） *Breynia fruticosa* (L.) Hook. f.				√	√	√	√	√
136. 大戟科 Euphorbiaceae	白桐树 *Claoxylon polot* (Burm.) Merr.				√	√	√	√	√
136. 大戟科 Euphorbiaceae	变叶木（洒金榕） *Cordiaeum variegatum* Bl.	*			√	√	√		√
136. 大戟科 Euphorbiaceae	撒金变叶木 *Cordiaeum variegatum* Bl. cv. *Aucubaefolium*	*			√	√	√		√
136. 大戟科 Euphorbiaceae	毛果巴豆（小叶双眼龙） *Croton lachnocarpus* Benth.						√	√	√
136. 大戟科 Euphorbiaceae	黄桐 *Endospermum chinense* Benth.						√	√	√
136. 大戟科 Euphorbiaceae	红乌柏（肖黄栌） *Euphorbia cotinifolia*	*			√	√	√	√	
136. 大戟科 Euphorbiaceae	飞扬草（大飞扬、奶汁草） *Euphorbia hirta* L.				√	√	√	√	√
136. 大戟科 Euphorbiaceae	地锦 *Euphorbia humifusa* Willd.				√	√	√	√	√
136. 大戟科 Euphorbiaceae	铁海棠 *Euphorbia millii* Ch. des Moulins	*			√	√	√		
136. 大戟科 Euphorbiaceae	一品红 *Euphorbia pulcherrima* Willd.	*			√	√	√		
136. 大戟科 Euphorbiaceae	小飞扬（千根草） *Euphorbia thymifolia* L.				√	√	√	√	√
136. 大戟科 Euphorbiaceae	红背桂 *Excoecaria cochinchinensis* Lour.	*			√	√	√		
136. 大戟科 Euphorbiaceae	毛果算盘子 *Glochidion eriocarpum* Champ.				√	√	√	√	√
136. 大戟科 Euphorbiaceae	艾胶算盘子 *Glochidion lanceolarium* (Roxb.) Voigt					√	√	√	√
136. 大戟科 Euphorbiaceae	算盘子 *Glochidion puberum* (l.) Hutch.						√	√	√
136. 大戟科 Euphorbiaceae	白背算盘子 *Glochidion wrightii* Benth.						√	√	√
136. 大戟科 Euphorbiaceae	中平树 *Macaranga denticulata* (Bl.)Muell-Arg.							√	√
136. 大戟科 Euphorbiaceae	鼎湖血桐 *Macaranga sampsonii* Hance						√	√	√

科名	种名	栽培	保护级别	外来植物	禅城区	顺德区	南海区	高明区	三水区
136. 大戟科 Euphorbiaceae	血桐 *Macaranga tanarius* Muell.-Arg.	*						√	√
136. 大戟科 Euphorbiaceae	白背叶(白背桐) *Mallotus apelta* (Lour.) Muell.-Arg.					√	√	√	√
136. 大戟科 Euphorbiaceae	粗叶野桐 *Mallotus hookerianus* Muell.-Arg.							√	√
136. 大戟科 Euphorbiaceae	白楸 *Mallotus paniculatus* (Lam.) Muell.-Arg.				√	√	√	√	√
136. 大戟科 Euphorbiaceae	粗糠柴 *Mallotus philippinensis* (Lam.)Muell-Arg							√	√
136. 大戟科 Euphorbiaceae	石岩枫 *Mallotus repandus* (Willd.) Muell.-Arg.						√	√	√
136. 大戟科 Euphorbiaceae	木薯 *Manithot esculenta* Crantz				√	√	√	√	√
136. 大戟科 Euphorbiaceae	小盘木 *Microdesmis cascariaefolia* Planch.						√	√	√
136. 大戟科 Euphorbiaceae	越南叶下珠(乌蝇叶) *Phyllanthus cochinchinenses* Spreng.				√	√	√	√	√
136. 大戟科 Euphorbiaceae	余甘子(油甘子) *Phyllanthus emblica* L.					√	√	√	√
136. 大戟科 Euphorbiaceae	烂头钵(龙眼睛) *Phyllanthus reticulatus* Poir.				√	√	√	√	√
136. 大戟科 Euphorbiaceae	黄珠子草 *Phyllanthus simplex* Retz.					√	√	√	√
136. 大戟科 Euphorbiaceae	叶下珠 *Phyllanthus urinaria* L.				√	√	√	√	√
136. 大戟科 Euphorbiaceae	蓖麻 *Ricinus communis* L.	*		△	√	√	√	√	√
136. 大戟科 Euphorbiaceae	山乌桕 *Sapium discolor* (Champ.) Muell.-Arg.					√	√	√	√
136. 大戟科 Euphorbiaceae	乌桕 *Sapium sebiferum* (L.) Roxb.	*			√	√	√		
136. 大戟科 Euphorbiaceae	木油桐(千年桐) *Vernicia montana* (Lour.) Wils.	*					√	√	√
136A. 交让木科 Daphniphyllaceae	牛耳枫 *Daphniphyllum calycinum* Benth.					√	√	√	√
139. 鼠刺科 Escalloniaceae	鼠刺 *Itea chinensis* Hook. et Arn.				√	√	√	√	√

科名	种名	栽培	保护级别	外来植物	禅城区	顺德区	南海区	高明区	三水区
142. 绣球花科 Hydrangeaceae	常山（鸡骨常山）*Dichroa febrifuga* Lour.							√	√
143. 蔷薇科 Rosaceae	桃 *Amygdalus persica* L. [*Prunus persica* Batsch]	*			√	√	√	√	√
143. 蔷薇科 Rosaceae	梅 *Armeniaca mume* Sieb. [*Prunus mume* S. et Z.]	*			√	√	√	√	√
143. 蔷薇科 Rosaceae	蛇莓 *Duchesnea indica* (Audr.) Focke				√	√	√	√	√
143. 蔷薇科 Rosaceae	枇杷 *Eriobotrya japonica* Lindl.	*			√	√	√	√	√
143. 蔷薇科 Rosaceae	腺叶野樱 *Laurocerasus phaeosticta* (Hance) Schneid.						√	√	√
143. 蔷薇科 Rosaceae	中华石楠 *Photinia beauverdiana* Schneid							√	√
143. 蔷薇科 Rosaceae	臀形木 *Pygeum topengii* Merr.				√	√	√	√	√
143. 蔷薇科 Rosaceae	豆梨 *Pyrus calleryana* (L.) Lindl.					√	√	√	√
143. 蔷薇科 Rosaceae	车轮梅（春花）*Raphiolepis indica* (L.) Lindl.				√	√	√	√	√
143. 蔷薇科 Rosaceae	月季花 *Rosa chinensis* Jacq.	*			√	√	√		
143. 蔷薇科 Rosaceae	小果蔷薇 *Rosa cymosa* Tratt.						√	√	√
143. 蔷薇科 Rosaceae	金樱子 *Rosa laevigata* Michx.					√	√	√	√
143. 蔷薇科 Rosaceae	粗叶悬钩子 *Rubus alceaefolius* Poir.					√	√	√	√
143. 蔷薇科 Rosaceae	白花悬钩子 *Rubus leueanthus* Hance					√	√	√	√
143. 蔷薇科 Rosaceae	茅莓（蛇泡簕、三月泡）*Rubus parvifolius* L.						√	√	√
143. 蔷薇科 Rosaceae	锈毛莓 *Rubus reflexus* Ker-Gawl.					√	√	√	√
143. 蔷薇科 Rosaceae	深裂锈毛莓 *Rubus reflexus* Ker-Gawl.var. *lanceolobus* Metc.						√	√	√
143. 蔷薇科 Rosaceae	蔷薇莓（空心泡）*Rubus rosaefolius* Smith						√	√	√

科名	种名	栽培	保护级别	外来植物	禅城区	顺德区	南海区	高明区	三水区
143. 蔷薇科 Rosaceae	梨叶悬钩子 *Rubus pirifolius* Smith				√	√	√	√	√
146. 含羞草科 Mimosaceae	台湾相思 *Acacia confusa* Merr.	*		△	√	√	√	√	√
146. 含羞草科 Mimosaceae	马占相思 *Acacia mangium* Willd.	*		△	√	√	√	√	√
146. 含羞草科 Mimosaceae	大叶相思 *Acacia aurixulaeformis* A. Cunn.	*		△	√	√	√	√	√
146. 含羞草科 Mimosaceae	海红豆 *Adenathera pavonina* L.				√	√	√	√	√
146. 含羞草科 Mimosaceae	楹树 *Albizia chinensis* (Osbeck) Merr.							√	√
146. 含羞草科 Mimosaceae	天香藤 *Albizzia corniculata* (Lour.) Druce						√	√	√
146. 含羞草科 Mimosaceae	南洋楹 *Albizzia falcata* (L.) Baker ex Merr.	*		△	√	√	√	√	√
146. 含羞草科 Mimosaceae	山合欢 *Albizzia kalkora* (Roxb.) Prain							√	√
146. 含羞草科 Mimosaceae	猴耳环（围涎树） *Archidendron clypearia* (Benth.) Nielsen						√	√	√
146. 含羞草科 Mimosaceae	亮叶猴耳环 *Archidendron lucidum* (Benth.) Nielsen						√	√	√
146. 含羞草科 Mimosaceae	含羞草（怕羞草、知羞草） *Mimosa pudica* L.			△	√	√	√	√	√
146. 含羞草科 Mimosaceae	簕仔树 *Mimosa sepiaria* Benth.			△	√	√	√	√	√
147. 苏木科 Caesalpiniaceae	红花羊蹄甲 *Bauhinia blakeana* Dunn.	*			√	√	√	√	√
147. 苏木科 Caesalpiniaceae	龙须藤 *Bauhinia championii* (Benth.) Benth.							√	√
147. 苏木科 Caesalpiniaceae	首冠藤 *Bauhinia corymbosa* Roxb. ex DC.							√	√
147. 苏木科 Caesalpiniaceae	羊蹄甲 *Bauhinia purpurea* L.	*			√	√	√	√	√
147. 苏木科 Caesalpiniaceae	洋紫荆 *Bauhinia variegata* L.	*			√	√	√	√	√
147. 苏木科 Caesalpiniaceae	华南云实 *Caesalpinia crista* L.						√	√	√

科名	种名	栽培	保护级别	外来植物	禅城区	顺德区	南海区	高明区	三水区
147. 苏木科 Caesalpiniaceae	双荚决明 *Cassia bicapsularis* L.	*			√	√	√	√	√
147. 苏木科 Caesalpiniaceae	望江南 *Cassia oceidebtalis* L.				√	√	√	√	√
147. 苏木科 Caesalpiniaceae	黄槐 *Cassia surattensis* Burm. f.	*			√	√	√	√	√
147. 苏木科 Caesalpiniaceae	腊肠树 *Cassia fistula* L.	*		△	√	√	√		√
147. 苏木科 Caesalpiniaceae	格木 *Erythrophleum fordii* Oliv. （国家Ⅱ级保护，珍稀濒危植物）		野生种为国家Ⅱ级保护植物				√	√	√
147. 苏木科 Caesalpiniaceae	皂荚 *Gleditsia sinensis* Lam.						√	√	
147. 苏木科 Caesalpiniaceae	仪花 *Lysidice rhodostegia* Hance.	*	野生种为国家Ⅱ级保护植物		√	√			
147. 苏木科 Caesalpiniaceae	无忧花 *Saraca dives* Pier.	*			√	√	√		
148. 蝶形花科 Papilionaceae	毛相思子 *Abrus mollis* Hance					√	√	√	√
148. 蝶形花科 Papilionaceae	合萌 *Aeschynomene indica* L.				√	√	√	√	√
148. 蝶形花科 Papilionaceae	链荚豆 *Alysicarpus vaginalis* (L.)DC.				√	√	√	√	√
148. 蝶形花科 Papilionaceae	蔓草虫豆 *Atylosia scarabaeoides*（L.）Benth.				√	√			√
148. 蝶形花科 Papilionaceae	花生 *Arachis hypogaea* L.	*			√	√	√	√	√
148. 蝶形花科 Papilionaceae	遍地黄金 *Arachis pintoi* A. Krapo. et W. C. Gregory	*		△	√	√	√	√	√
148. 蝶形花科 Papilionaceae	藤槐（单叶豆） *Bowringia callicarpa* Champ.						√	√	√
148. 蝶形花科 Papilionaceae	猪屎豆 *Crotalaria mucronata* Desv.				√	√	√	√	√

科名	种名	栽培	保护级别	外来植物	禅城区	顺德区	南海区	高明区	三水区
148. 蝶形花科 Papilionaceae	野百合 *Crotalaria sessiliflora* L.						√	√	
148. 蝶形花科 Papilionaceae	南岭黄檀 *Dalbergia balansae* Prain				√	√			
148. 蝶形花科 Papilionaceae	两粤黄檀 *Dalbergia benthami* Prain						√	√	√
148. 蝶形花科 Papilionaceae	藤黄檀（藤檀） *Dalbergia hancei* Benth.					√	√	√	√
148. 蝶形花科 Papilionaceae	含羞草叶黄檀 *Dalbergia mimosoides* Hance						√	√	√
148. 蝶形花科 Papilionaceae	降香黄檀 *Dalbergia odorifera* T. Chen	*	野生种为国家Ⅱ级保护植物		√	√	√	√	√
148. 蝶形花科 Papilionaceae	鱼藤 *Derris trifoliata* Lour.						√	√	√
148. 蝶形花科 Papilionaceae	小槐花（山蚂蝗、拿身草） *Desmodium caudatum* (Thunb.) DC.				√	√	√	√	√
148. 蝶形花科 Papilionaceae	假地豆（异果山绿豆） *Desmodium heterocarpum* (L.) DC.				√	√	√	√	√
148. 蝶形花科 Papilionaceae	三点金 *Desmodium microphyllum* (Thunb.) DC.				√	√	√	√	√
148. 蝶形花科 Papilionaceae	刺桐 *Erythrina indica* Lam.				√	√	√	√	√
148. 蝶形花科 Papilionaceae	鸡眼草 *Kummerowia striata* (Thunb.) Schindl.				√	√	√	√	√
148. 蝶形花科 Papilionaceae	截叶铁扫帚 *Lespedeza cuneata* G.Don							√	√
148. 蝶形花科 Papilionaceae	美丽胡枝子 *Lespedeza formosa* Koehne				√	√	√	√	√
148. 蝶形花科 Papilionaceae	山鸡血藤（香花崖豆藤） *Millettia dielsiana* Harms. Ex Diels						√	√	√
148. 蝶形花科 Papilionaceae	亮叶鸡血藤 *Millettia nitida* Benth.					√	√	√	√
148. 蝶形花科 Papilionaceae	白花油麻藤 *Mucuna birdwoodiana* Tutcher						√	√	√

科名	种名	栽培	保护级别	外来植物	禅城区	顺德区	南海区	高明区	三水区
148. 蝶形花科 Papilionaceae	海南红豆 *Ormosia pinnata* (Lour.)Merr.	*			√	√	√		
148. 蝶形花科 Papilionaceae	软荚红豆 *Ormosia semicastrata* Hance						√	√	√
148. 蝶形花科 Papilionaceae	木荚红豆 *Ormosia xylocarpa* Chun ex L. Chen					√	√	√	√
148. 蝶形花科 Papilionaceae	毛排钱草 *Phyllodium elegans* (Lour.) Desv.				√	√	√	√	√
148. 蝶形花科 Papilionaceae	排钱草 *Phyllodium pulchellum* (L.) Desv.				√	√	√	√	√
148. 蝶形花科 Papilionaceae	野葛（山葛藤） *Pueraria lobata* (Willd.) Ohwi				√	√	√	√	√
148. 蝶形花科 Papilionaceae	三裂叶野葛 *Pueraria phaseoloides* (Roxb.) Benth.				√	√	√	√	√
148. 蝶形花科 Papilionaceae	甘葛藤（粉葛） *Pueraria thomsonii* Benth.	*			√	√	√	√	
148. 蝶形花科 Papilionaceae	鹿藿 *Rhynchosia volubilis* Lou						√		√
148. 蝶形花科 Papilionaceae	葫芦茶 *Tadehagi triquetrum* (L.)Ohashi				√	√	√	√	√
148. 蝶形花科 Papilionaceae	狸尾草 *Uraria lagopodioides* (L.) DC.					√	√	√	√
148. 蝶形花科 Papilionaceae	豇豆 *Vigna sinensis* (L.) Savi ex Hassk.	*			√	√	√	√	√
151. 金缕梅科 Hamamelidaceae	阿丁枫（蕈树） *Altingia chinensis* (Champ.) Oliv.ex Hance						√	√	√
151. 金缕梅科 Hamamelidaceae	枫香 *Liquidambar formosana* Hance					√	√	√	√
151. 金缕梅科 Hamamelidaceae	檵木 *Loropetalum chinense* (R.Br.) Oliv.							√	
151. 金缕梅科 Hamamelidaceae	红花檵木 *Loropetalum chinense* (R. Br.) Oliv. var. *rubrum* Yieh	*			√	√	√	√	√
151. 金缕梅科 Hamamelidaceae	壳菜果（米老排） *Mytilaria laosensis* Lec.	*					√	√	√
151. 金缕梅科 Hamamelidaceae	红苞木（红花荷） *Rhodoleia championii* Hook.f.	*					√	√	√
156. 杨柳科 Salicaceae	垂柳 *Salix babylonica* L.	*			√	√	√	√	√

科名	种名	栽培	保护级别	外来植物	禅城区	顺德区	南海区	高明区	三水区
159. 杨梅科 Myricaceae	杨梅 *Myrica rubra* (Lour.) Sieb. et Zucc.				√	√	√	√	√
163. 壳斗科 Fagaceae	锥栗（中华锥） *Castanopsis chinensis* Hance						√	√	√
163. 壳斗科 Fagaceae	米锥（小红栲） *Castanopsis carlesii* (Hemsl.) Hayata					√	√	√	√
163. 壳斗科 Fagaceae	罗浮锥 *Castanopsis fabri* Hance						√	√	√
163. 壳斗科 Fagaceae	黧蒴 *Castanopsis fissa* Rihd. et. Wils.				√	√	√	√	√
163. 壳斗科 Fagaceae	红锥 *Castanopsis hickellii* Bl.				√	√	√	√	√
163. 壳斗科 Fagaceae	石栎（柯） *Lithocarpus glaber* (Thunb.) Nakai							√	
163. 壳斗科 Fagaceae	硬斗石栎 *Lithocarpus hancei* Rehd.							√	√
163. 壳斗科 Fagaceae	甜茶稠 *Lithocarpus polystachyus*（DC.）Rehd.							√	√
163. 壳斗科 Fagaceae	青冈 *Cyclobalanopsis glauca*（Thunb.）Oerst.							√	√
163. 壳斗科 Fagaceae	胡氏青冈 *Cyclobalanopsis hui*（Chun）Chun						√	√	√
164. 木麻黄科 Casuarinaceae	木麻黄（驳骨松） *Casuarina equisetifolia* L.			△	√	√	√	√	√
165. 榆科 Ulmaceae	朴树 *Celtis sinensis* Pers.				√	√	√	√	√
165. 榆科 Ulmaceae	假玉桂 *Celtis timorensis* Span.						√	√	
165. 榆科 Ulmaceae	白颜树 *Gironniera subaequalis* Planch.						√	√	√
165. 榆科 Ulmaceae	光叶山黄麻 *Trema cannabina* Lour.					√	√	√	√
165. 榆科 Ulmaceae	山黄麻 *Trema tomentosa* (Roxb.) H. Hara				√	√	√	√	√
165. 榆科 Ulmaceae	榔榆 *Ulmus parvifolia* Jacq.	*			√	√	√		
167. 桑科 Moraceae	见血封喉 *Antiaris toxicaria* Lesch.							√	

科名	种名	栽培	保护级别	外来植物	禅城区	顺德区	南海区	高明区	三水区
167. 桑科 Moraceae	菠萝蜜 *Artocarpus heterophyllus* Lam.				√	√	√	√	√
167. 桑科 Moraceae	桂木 *Artocarpus nitidus* Trec. subsp. *lingnanensis* (Merr.)Jarr.							√	√
167. 桑科 Moraceae	小叶胭脂 *Artocarpus styracifolius* Pierre						√	√	√
167. 桑科 Moraceae	藤构（葡蟠） *Broussonetia kazinoki* Sieb. et Zucc. var. *australis* Suzuki					√	√	√	√
167. 桑科 Moraceae	构树 *Broussonetia papyrifera* Vent.				√	√	√	√	√
167. 桑科 Moraceae	穿破石（葨芝） *Cudrania cochinchinensis* (Lour.) Kudo et Masam.						√	√	√
167. 桑科 Moraceae	高山榕 *Ficus altissima* Bl.				√	√	√	√	√
167. 桑科 Moraceae	垂叶榕 *Ficus benjamina* L.	*			√	√	√	√	√
167. 桑科 Moraceae	白肉榕 *Ficus championii* Benth.						√	√	√
167. 桑科 Moraceae	印度榕（橡胶榕） *Ficus elastica* Roxb.	*			√	√	√	√	√
167. 桑科 Moraceae	天仙果 *Ficus erecta* var. *beecheyana* (Hook. et Arn.) King						√	√	√
167. 桑科 Moraceae	枕果榕 *Ficus drupacea* Thunb.	*			√	√			
167. 桑科 Moraceae	水同木（哈氏榕） *Ficus fistulosa* Reinw.				√	√	√	√	√
167. 桑科 Moraceae	台湾榕 *Ficus formosana* Maxin.						√	√	√
167. 桑科 Moraceae	黄毛榕 *Ficus fulva* Reinw.						√	√	√
167. 桑科 Moraceae	斜叶榕 *Ficus gibbosa* Bl.				√	√	√	√	√
167. 桑科 Moraceae	藤榕 *Ficus hederacea* Roxb.							√	
167. 桑科 Moraceae	五指毛桃 *Ficus hirta* Vahl				√	√	√	√	√

科名	种名	栽培	保护级别	外来植物	禅城区	顺德区	南海区	高明区	三水区
167. 桑科 Moraceae	对叶榕 *Ficus hispida* L.f.				√	√	√	√	√
167. 桑科 Moraceae	榕树（小叶榕） *Ficus microcarpa* L.f.				√	√	√	√	√
167. 桑科 Moraceae	琴叶榕 *Ficus pandurata* Hance						√	√	√
167. 桑科 Moraceae	薜荔（凉粉果、王不留行） *Ficus pumila* L.				√	√	√	√	√
167. 桑科 Moraceae	青果榕（杂色榕） *Ficus variegata* Bl. var. *chlorocarpa* (Benth.) King				√	√	√	√	√
167. 桑科 Moraceae	变叶榕 *Ficus variolosa* Lindl.				√	√	√	√	√
167. 桑科 Moraceae	笔管榕 *Ficus virens* Ait				√	√	√	√	√
167. 桑科 Moraceae	黄葛树（大叶榕） *Ficus virens* Ait var. *sublanceolata* (Miq.) Corner	*			√	√	√	√	√
167. 桑科 Moraceae	牛筋藤 *Malaisia scandens* (Lour.) Planch.						√	√	
167. 桑科 Moraceae	桑 *Morus alba* L.	*			√	√	√	√	√
169. 荨麻科 Urticaceae	苎麻 *Boehmeria nivea* (L.) Gaud.				√	√	√	√	√
169. 荨麻科 Urticaceae	糯米团（蔓苎麻） *Gonostegia hirta* (Bl.) Miq.					√	√	√	√
169. 荨麻科 Urticaceae	紫麻 *Oreocnide frutescens* (Thunb.)Miq.							√	√
169. 荨麻科 Urticaceae	蔓赤车 *Pellionia scabra* Benth.						√	√	√
169. 荨麻科 Urticaceae	透明草（小叶冷水花） *Pilea microphylla* (L.) Liebm.				√	√	√	√	√
169. 荨麻科 Urticaceae	雾水葛 *Pouzolzia zeylanica* (L.) Benn.				√	√	√	√	√
170. 大麻科 Cannabinaceae	葎草 *Humulus scandens* (Lour.) Merr.				√	√	√	√	√
171. 冬青科 Aquifoliaceae	梅叶冬青（秤星木、岗梅） *Ilex asprella* Champ.				√	√	√	√	√
171. 冬青科 Aquifoliaceae	黄毛冬青 *Ilex dasyphylla* Merr.							√	

科名	种名	栽培	保护级别	外来植物	禅城区	顺德区	南海区	高明区	三水区
171. 冬青科 Aquifoliaceae	毛冬青 *Ilex pubescens* Hook. & Arn.				√	√	√	√	√
171. 冬青科 Aquifoliaceae	铁冬青 *Ilex rotunda* Thunb.				√	√	√	√	√
171. 冬青科 Aquifoliaceae	三花冬青 *Ilex triflora* Bl.							√	√
171. 冬青科 Aquifoliaceae	亮叶冬青 *Ilex viridis* Champ. ex Benth.							√	√
173. 卫矛科 Celastraceae	青江藤 *Celastrus hindsii* Benth.						√	√	√
173. 卫矛科 Celastraceae	南蛇藤 *Celastrus orbiculatus* Thunb.						√	√	√
173. 卫矛科 Celastraceae	中华卫矛 *Euonymus nitidus* Benth.						√	√	√
173. 卫矛科 Celastraceae	疏花卫矛 *Euonymus laxiflorus* Champ.				√	√	√	√	√
179. 茶茱萸科 Icacinaceae	甜果藤 *Mappianthus iodoides* Hand.-Mazz						√	√	√
182. 青皮木科 Olaceae	华南青皮木 *Schoepfia chinensis* Gardn. et Champ.							√	√
185. 桑寄生科 Loranthaceae	广寄生 *Taxillus chinensis* (DC.) Danser [*Loranthus chinensis* DC.]				√	√	√	√	√
186. 檀香科 Santalaceae	寄生藤 *Henslowia frutescens* Champ.					√	√	√	√
186. 檀香科 Santalaceae	檀香 *Santalum album* L.	*					√	√	
190. 鼠李科 Rhamnaceae	多花勾儿茶 *Berchemia floribunda* Brongn					√	√	√	√
190. 鼠李科 Rhamnaceae	老鼠耳（铁包金） *Berchemia lineata* (L) DC.						√	√	√
190. 鼠李科 Rhamnaceae	枳椇（拐枣） *Hovenia dulcis* Thunb.	*			√	√			√
190. 鼠李科 Rhamnaceae	马甲子 *Paliiurus ramosissimus* Poir					√	√	√	√
190. 鼠李科 Rhamnaceae	黄药（长叶冻绿） *Rhamnus crenata* Sieb. et Zucc.						√	√	√
190. 鼠李科 Rhamnaceae	圆叶鼠李 *Rhamnus globosa* Bunge							√	√

科名	种名	栽培	保护级别	外来植物	禅城区	顺德区	南海区	高明区	三水区
190. 鼠李科 Rhamnaceae	雀梅藤 *Sageretia theezans* Brongn				√	√	√	√	√
190. 鼠李科 Rhamnaceae	翼核果 *Ventilago leiocarpa* Benth.								√
191. 胡颓子科 Elaeagnaceae	角花胡颓子 *Elaeagnus gonyanthes* Benth.						√	√	√
193. 葡萄科 Vitaceae	粤蛇葡萄 *Ampelopsis cantoniensis* Planch.						√	√	√
193. 葡萄科 Vitaceae	角花乌蔹莓 *Cayratia corniculata* (Benth.) Gagnep.							√	√
193. 葡萄科 Vitaceae	乌蔹莓 *Cayratia japonica* (Thunb.) Gagnep.						√	√	√
193. 葡萄科 Vitaceae	白粉藤 *Cissus repens* Lam.							√	
193. 葡萄科 Vitaceae	锦屏藤 *Cissus sicyoides* L.	*		△	√	√			
193. 葡萄科 Vitaceae	异叶爬山虎 *Parthenocissus heterophylla* (Bl.) Merr.	*			√	√	√	√	√
193. 葡萄科 Vitaceae	三叶崖爬藤 *Tetrastigma hemsleyanum* Diels et Gilg				√				
193. 葡萄科 Vitaceae	扁担藤 *Tetrastigma planicaule* Gagnep.						√	√	√
193. 葡萄科 Vitaceae	婴奥 *Vitis adstricta* Hance						√	√	
194. 芸香科 Rutaceae	山油柑（降真香） *Acronychia pedunculata* (L.) Miq.				√	√	√	√	√
194. 芸香科 Rutaceae	酒饼勒 *Atalantia buxifolia* (Poir.) Oliv.						√	√	√
194. 芸香科 Rutaceae	柚 *Citrus grandis* (L.) Osbeek.	*			√	√	√	√	√
194. 芸香科 Rutaceae	柑（柑桔） *Citrus reticulata* Blanco	*			√	√	√	√	√
194. 芸香科 Rutaceae	黄皮（黄弹） *Clausena lansium* (Lour.) Skeels	*			√	√	√	√	√
194. 芸香科 Rutaceae	三叉苦（三桠苦） *Evodia lepta* (Spreng.) Merr.				√		√	√	√
194. 芸香科 Rutaceae	楝叶吴茱萸（山苦楝） *Evodia mellifolia* Benth.				√	√	√	√	√

科名	种名	栽培	保护级别	外来植物	禅城区	顺德区	南海区	高明区	三水区
194. 芸香科 Rutaceae	山小桔 *Glycosmis parviflora* (Sims) Little						√	√	√
194. 芸香科 Rutaceae	九里香 *Murraya exotica* L.	*			√	√	√	√	√
194. 芸香科 Rutaceae	飞龙掌血 *Toddalia asiatica* Lam.						√	√	√
194. 芸香科 Rutaceae	簕欓(画眉簕、山胡椒) *Zanthoxylum avicennae* (Lem.) DC.				√	√	√	√	√
194. 芸香科 Rutaceae	两面针(光叶花椒) *Zanthoxylum nitidum* (Roxb.) DC.						√	√	√
194. 芸香科 Rutaceae	花椒簕 *Zanthoxylum scandens* Bl.							√	
194. 芸香科 Rutaceae	大叶臭椒 *Zanthoxylum rhetsoides* Drake						√	√	√
195. 苦木科 Simarubaceae	臭椿 *Ailanthus altissima* (Mill.)Swingle							√	
195. 苦木科 Simarubaceae	鸦胆子 *Brucea javanica* (L.) Merr.	*			√	√	√	√	√
196. 橄榄科 Burseraceae	橄榄 *Canarium album* Raensch.	*			√	√	√	√	√
196. 橄榄科 Burseraceae	乌榄 *Canarium pomela* Koenig	*			√	√	√	√	√
197. 楝科 Meliaceae	山楝 *Aphanamixis polystachya* (Wall.)R.N.Park.	*						√	√
197. 楝科 Meliaceae	塞楝 *Khaya seegalesis* (Desr.) A. Jss.				√	√	√	√	√
197. 楝科 Meliaceae	楝树(苦楝) *Melia azedarach* L.				√	√	√	√	√
197. 楝科 Meliaceae	大叶桃花心木 *Swietenia maciophylla* King	*			√	√			
197. 楝科 Meliaceae	香椿 *Toona sinesis* (A.Juss.)Merr.	*				√	√		√
198. 无患子科 Sapindaceae	倒地铃 *Cardiospermum hlicacabum* L.				√	√	√	√	√
198. 无患子科 Sapindaceae	龙眼 *Dimocarpus longan* Lour.	*			√	√	√	√	√
198. 无患子科 Sapindaceae	坡柳 *Dodonaea viscosa* (L.) Jacq.				√	√	√		√

科名	种名	栽培	保护级别	外来植物	禅城区	顺德区	南海区	高明区	三水区
198. 无患子科 Sapindaceae	复羽叶栾树 *Koelreuteria bipinnata* Franch.	*			√	√	√		
198. 无患子科 Sapindaceae	荔枝 *Litchi chinensis* Sonn.（野生种为珍稀濒危植物）	*			√	√	√	√	√
200. 槭树科 Aceraceae	岭南槭 *Acer tutcheri* Duthie							√	
201. 清风藤科 Sabiaceae	笔罗子 *Meliosma rigida* Sieb. et Zucc.						√	√	√
201. 清风藤科 Sabiaceae	绿樟泡花树（樟叶泡花树） *Meliosma squamulata* Hance						√	√	√
201. 清风藤科 Sabiaceae	清风藤 *Sabia japonicus* Maxim.							√	√
201. 清风藤科 Sabiaceae	毛萼清风藤 *Sabia limoniacea* var. *ardisioides* (Hook.)L.Chen							√	√
204. 省沽油科 Staphyeaceae	野鸦椿 *Euscaphis japonica* (Thunb.) Kanitz							√	
204. 省沽油科 Staphyeaceae	锐尖山香圆 *Turpinia arguta* Seem.						√	√	√
205. 漆树科 Anacardiaceae	南酸枣（酸枣） *Choerospondias axillaris* (Roxb.) Burtt et Hill						√	√	√
205. 漆树科 Anacardiaceae	人面子（银棟） *Dracontomelon duperreanum* Pierre	*			√	√	√	√	√
205. 漆树科 Anacardiaceae	扁桃 *Mangifera persiciformis* C. Y. Wu et T. L. Ming	*			√	√	√	√	√
205. 漆树科 Anacardiaceae	芒果 *Mangifera indica* L.	*			√	√	√	√	√
205. 漆树科 Anacardiaceae	盐肤木（五倍子树） *Rhus chinensis* Mill.				√	√	√	√	√
205. 漆树科 Anacardiaceae	岭南酸枣 *Spondias lakonensis* Pierre						√	√	√
205. 漆树科 Anacardiaceae	野漆树 *Toxicodendron succedanea* (L.) O.Kuntze				√	√	√	√	√
206. 牛栓藤科 Connaraceae	小叶红叶藤 *Rourea microphyllum* (Hook. et Arn.) Pl.				√	√	√	√	√
207. 胡桃科 Juglandaceae	黄杞 *Engelhardtia roxburghiana* Wall.						√	√	√
207. 胡桃科 Juglandaceae	枫杨 *Pterocarya stenoptera* C. DC.							√	

科名	种名	栽培	保护级别	外来植物	禅城区	顺德区	南海区	高明区	三水区
210. 八角枫科 Alanginacea	八角枫 *Alangium chinense* (Lour.) Harms.					√	√	√	√
210. 八角枫科 Alanginacea	毛八角枫 *Alangium kurzii* Craib						√	√	√
211. 蓝果树科 Nyssaceae	喜树 *Camptotheca acuminata* Decne.	*			√	√	√		
212. 五加科 Araliaceae	变叶树参 *Dendropanax proteus* (Champ.) Benth.						√	√	√
212. 五加科 Araliaceae	楤木 *Aralia chinensis* L.					√	√	√	√
212. 五加科 Araliaceae	黄毛楤木 *Aralia decaisneana* Hance						√	√	√
212. 五加科 Araliaceae	白簕花 *Eleutherococcus trifoliatus* (L.) S. Y. Hu						√	√	√
212. 五加科 Araliaceae	常春藤 *Hedera nipalensis* var. *sinensis* (Tobl.) Rehd.						√	√	√
212. 五加科 Araliaceae	幌伞枫 *Heteropanax fragrans* (Roxb.)Seem.	*			√	√	√	√	√
212. 五加科 Araliaceae	澳洲鸭脚木 *Schefflera actinophylla* (Endl.) Harms.	*		△	√	√	√		√
212. 五加科 Araliaceae	花叶鹅掌藤 *Schefflera arboricola* cv. *Gold capella*	*			√	√	√	√	√
212. 五加科 Araliaceae	鹅掌藤 *Schefflera arboricola* Hay.				√	√	√	√	√
212. 五加科 Araliaceae	鸭脚木（鹅掌柴） *Schefflera octophylla* (Lour.) Harms				√	√	√	√	√
213. 伞形科 Umbelliferae	芹菜（旱芹） *Apium graveolens* var. *dulce* DC.	*			√	√	√	√	√
213. 伞形科 Umbelliferae	积雪草（崩大碗） *Centella asiatica* (L.) Urbam.				√	√	√	√	√
213. 伞形科 Umbelliferae	芫荽 *Coriandrum sativum* L.	*			√	√	√	√	√
213. 伞形科 Umbelliferae	刺芫荽 *Eryngium foetidum* L.				√	√	√	√	√
213. 伞形科 Umbelliferae	天胡荽（盆上芫荽） *Hydrocotyle sibthorioides* Lam.				√	√	√	√	√
213. 伞形科 Umbelliferae	水芹 *Oenathe javanica* DC.				√	√	√	√	√

科名	种名	栽培	保护级别	外来植物	禅城区	顺德区	南海区	高明区	三水区
213. 伞形科 Umbelliferae	窃衣 *Torilis scabra* (Thunb.) DC.					√	√		√
215. 杜鹃花科 Ericaceae	吊钟花 *Enkianthus quinqueflorus* Lour.						√	√	√
215. 杜鹃花科 Ericaceae	毛棉杜鹃 *Rhododendron moulmainense* Hook.						√	√	√
215. 杜鹃花科 Ericaceae	映山红 *Rhododendron simsii* Planch.						√	√	√
216. 越橘科 Vacciniaceae	乌饭树 *Vaccinium bracteatum* Thunb.							√	√
221. 柿树科 Ebenaceae	乌材柿 *Diospyros eriantha* Champ. ex Benth.						√	√	√
221. 柿树科 Ebenaceae	柿 *Diospyros kaki* L.f.	*			√	√	√	√	√
221. 柿树科 Ebenaceae	罗浮柿 *Diospyros morrisiana* Hance					√	√	√	√
221. 柿树科 Ebenaceae	小果柿 *Diospyros vaccinioides* Lindl.						√	√	√
222. 山榄科 Sapotaceae	人心果 *Manilkara zapota* (L.) van Royen	*			√	√	√	√	√
222. 山榄科 Sapotaceae	铁榄 *Mastichodendron pedunculatum* (Hemsl.) H.Chuang						√	√	
223. 紫金牛科 Myrsinaceae	大罗伞 *Ardisia hanceana* Mez.						√	√	√
223. 紫金牛科 Myrsinaceae	斑叶朱砂根 *Ardisia lindleyana* D. Dietr.					√	√	√	√
223. 紫金牛科 Myrsinaceae	虎舌红 *Ardisia mamillata* Gardn. et Champ.							√	√
223. 紫金牛科 Myrsinaceae	山血丹 *Ardisia punctata* Lindl.							√	√
223. 紫金牛科 Myrsinaceae	九节龙 *Ardisia pusilla* A.DC.						√	√	√
223. 紫金牛科 Myrsinaceae	罗伞树 *Ardisia quinquegona* Bl.				√	√	√	√	√
223. 紫金牛科 Myrsinaceae	酸藤子（酸果藤） *Embelia laeta* (L.) Mez				√	√	√	√	√
223. 紫金牛科 Myrsinaceae	白花酸藤子 *Embelia ribes* Burm.f.				√	√	√	√	√

科名	种名	栽培	保护级别	外来植物	禅城区	顺德区	南海区	高明区	三水区
223. 紫金牛科 Myrsinaceae	网脉酸藤子(网脉酸藤果) *Embelia rudis* Hand.-Mazz.						√	√	√
223. 紫金牛科 Myrsinaceae	杜茎山 *Maesa japonica* (Thunb.) Moritzi						√	√	√
223. 紫金牛科 Myrsinaceae	鲫鱼胆(空心花) *Maesa perlarius* (Lour.) Merr.				√		√	√	√
223. 紫金牛科 Myrsinaceae	密花树 *Rapanea neriifolia* (S. et Z.) Mez.							√	√
223. 紫金牛科 Myrsinaceae	铁仔树 *Myrsine quercifolia* Tsiang							√	
224. 安息香科 Styraceae	白花笼 *Styrax faberi* Perk.						√	√	√
224. 安息香科 Styraceae	栓叶安息香 *Styrax suberifolius* Hook. et Arn.							√	
225. 山矾科 Symplocaceae	华山矾(华灰木) *Symplocos chinensis* (Lour.) Druce						√	√	√
225. 山矾科 Symplocaceae	羊舌树 *Symplocos glauca* (Thunb.)Koidz.						√	√	√
225. 山矾科 Symplocaceae	光叶山矾(光叶灰木) *Symplocos lancifolia* Sieb. et Zucc.					√	√	√	√
225. 山矾科 Symplocaceae	黄牛奶树(香花灰木) *Symplocos laurina* (Retz.) Wall.							√	√
225. 山矾科 Symplocaceae	老鼠矢 *Symplocos stellaris* Brand						√	√	√
228. 马钱科 Loganiaceae	驳骨丹 *Buddleja asiatica* Lour.				√	√	√	√	√
228. 马钱科 Loganiaceae	灰莉 *Fagraea ceilanica* Thunb.	*			√	√	√	√	√
228. 马钱科 Loganiaceae	大茶药(胡蔓藤、断肠草) *Gelsmium elegans* (Gardn. et Champ.) Benth.							√	√
228. 马钱科 Loganiaceae	三脉马钱 *Strychnos cathayensis* Merr.						√	√	√
229. 木犀科 Oleaceae	扭肚藤 *Jasminum amplexicaule* Buch.-Ham.				√	√	√	√	√
229. 木犀科 Oleaceae	樟叶茉莉 *Jasminum cinnamomifolium* Kobuski.							√	
229. 木犀科 Oleaceae	光清香藤 *Jasminum lanceolarium* Roxb.				√	√	√	√	√

科名	种名	栽培	保护级别	外来植物	禅城区	顺德区	南海区	高明区	三水区
229. 木犀科 Oleaceae	茉莉（茉莉花） *Jasminum sambac* (L.) Ait.	*			√	√	√	√	√
229. 木犀科 Oleaceae	山指甲（小蜡树） *Ligustrum sinense* Lour.				√	√		√	√
229. 木犀科 Oleaceae	桂花（木犀） *Osmanthus fragrans* Lour.	*			√	√	√	√	√
229. 木犀科 Oleaceae	牛矢果 *Osmanthus matsumuranus* Hayata.							√	√
230. 夹竹桃科 Apocynaceae	软枝黄蝉 *Allemanda cathartica* L.	*		△	√	√	√	√	√
230. 夹竹桃科 Apocynaceae	黄蝉 *Allemanda neriifolia* Hook.	*		△	√	√	√	√	√
230. 夹竹桃科 Apocynaceae	糖胶树 *Alstonia scholaris* (Lour.) R.Br.	*			√	√	√		√
230. 夹竹桃科 Apocynaceae	链珠藤（念珠藤） *Alyxia sinensis* Champ.						√	√	√
230. 夹竹桃科 Apocynaceae	山橙 *Melodinus suaveolens* Champ. ex Benth.						√	√	√
230. 夹竹桃科 Apocynaceae	夹竹桃 *Nerium indicum* Merr.	*		△	√	√	√	√	√
230. 夹竹桃科 Apocynaceae	杜仲藤 *Parabarium micranthum* (A.DC.) Pierre							√	√
230. 夹竹桃科 Apocynaceae	鸡蛋花 *Plumeria rubra* cv. *Acutifolia*	*		△	√	√	√	√	√
230. 夹竹桃科 Apocynaceae	帘子藤 *Pottsia laxiflora* (Bl.) O. Ktze.							√	√
230. 夹竹桃科 Apocynaceae	羊角拗（羊角扭） *Strophanthus divaricatus* (Lour.) Hook. & Arn.				√		√	√	√
230. 夹竹桃科 Apocynaceae	乳儿藤 *Trachelospermum cathayanum* Schneid.							√	
230. 夹竹桃科 Apocynaceae	络石 *Trachelospermum jasminoides* (Lindl.) Lem.				√	√	√	√	√
230. 夹竹桃科 Apocynaceae	黄花夹竹桃 *Thevetia peruviana* (Pers.) K.Schum.	*		△	√	√	√	√	√
230. 夹竹桃科 Apocynaceae	广东倒吊笔 *Wrightia kwangtungensis* Tsiang						√	√	√
230A. 杠柳科 Periplocaceae	白叶藤 *Cryptolepis sinensis* (Lour.) Merr.							√	

科名	种名	栽培	保护级别	外来植物	禅城区	顺德区	南海区	高明区	三水区
231. 萝藦科 Asclepiadaceae	眼树莲 *Dischidia chinensis* Champ. ex Benth.							√	√
231. 萝藦科 Asclepiadaceae	匙羹藤 *Gymnema sylvestre* (Retz.) Sxhult.						√	√	√
231. 萝藦科 Asclepiadaceae	石萝藦 *Pentasacme caudatum* Wall. ex Wight							√	
231. 萝藦科 Asclepiadaceae	夜来香 *Telosma cordata*(Burm.f.)Merr.	*			√	√			
231. 萝藦科 Asclepiadaceae	娃儿藤 *Tylophora ovata* (Lindel.) Hook. ex Steud.							√	√
232. 茜草科 Rubiaceae	水团花（水杨梅） *Adina pilulifera* (Lam.) Fr.				√		√	√	√
232. 茜草科 Rubiaceae	香楠（光叶山黄皮） *Aidia canthioides* (Champ. ex Benth.) Masam.						√	√	√
232. 茜草科 Rubiaceae	多毛茜树 *Aidia pycnantha* (Drake) Tirveng.						√	√	√
232. 茜草科 Rubiaceae	黄梁木 *Anthocephalus chinensis* (Lam.) Rich.ex Walp.				√			√	√
232. 茜草科 Rubiaceae	鱼骨木 *Canthium dicoccum* (Gaertn.) Merr.						√	√	√
232. 茜草科 Rubiaceae	狗骨柴 *Diplospora dubia* (Lindl.) Masam							√	√
232. 茜草科 Rubiaceae	栀子（黄栀子） *Gardenia jasminoides* Ellis				√	√	√	√	√
232. 茜草科 Rubiaceae	爱地草 *Geophila herbacea* (Jacq.) K. Schum.							√	
232. 茜草科 Rubiaceae	金草 *Hedyotis acutangula* Champ. ex Benth.							√	√
232. 茜草科 Rubiaceae	剑叶耳草 *Hedyotis caudatifolia* Merr. et Metcalf							√	√
232. 茜草科 Rubiaceae	伞房花耳草 *Hedyotis corymbosa* (L.) Lam.				√	√	√	√	√
232. 茜草科 Rubiaceae	白花蛇舌草 *Hedyotis diffusa* Willd.				√	√	√	√	√
232. 茜草科 Rubiaceae	牛白藤 *Hedyotis hedyotidea* DC.				√	√	√	√	√
232. 茜草科 Rubiaceae	龙船花（山丹） *Ixora chinensis* Lam.				√	√	√	√	√

科名	种名	栽培	保护级别	外来植物	禅城区	顺德区	南海区	高明区	三水区
232. 茜草科 Rubiaceae	广东粗叶木 *Lasianthus curtisii* King et Gamble							√	√
232. 茜草科 Rubiaceae	粗叶木 *Lasianthus chinensis* Benth.							√	√
232. 茜草科 Rubiaceae	百眼藤 *Morinda parvifolia* Benth.							√	√
232. 茜草科 Rubiaceae	羊角藤 *Morinda umbellata* L.					√	√	√	√
232. 茜草科 Rubiaceae	玉叶金花（白纸扇） *Mussaenda pubescens* Ait.f.				√	√	√	√	√
232. 茜草科 Rubiaceae	广州蛇根草 *Ophiorrhiza cantoniensis* Hance							√	
232. 茜草科 Rubiaceae	广东大沙叶（香港大沙叶） *Pavetta hongkongensis* Brem.						√	√	√
232. 茜草科 Rubiaceae	鸡屎藤（鸡矢藤） *Paederia scandens* (Lour.) Merr.				√	√	√	√	√
232. 茜草科 Rubiaceae	毛鸡矢藤 *Paederia tomentosa* Bl.				√	√	√	√	√
232. 茜草科 Rubiaceae	九节（山大颜） *Psychotria rubra* (Lour.) Poir.				√	√	√	√	√
232. 茜草科 Rubiaceae	蔓九节 *Psychotria serpens* L.				√	√	√	√	√
232. 茜草科 Rubiaceae	光叶山黄皮 *Randia canthioides* Champ.						√	√	√
232. 茜草科 Rubiaceae	鸡爪勒 *Randia sinensis* (Lour.) Schult.							√	
232. 茜草科 Rubiaceae	山石榴 *Randia spinosa* (Thunb.) Poir.						√	√	√
232. 茜草科 Rubiaceae	白马骨 *Serissa serissoides*（DC.）Druce					√	√	√	√
232. 茜草科 Rubiaceae	白花苦灯笼（密毛乌口树） *Tarenna mollissima* (Hook. & Arn.) Merr.						√	√	√
232. 茜草科 Rubiaceae	钩藤 *Uncaria rhynchophylla* (Miq.) Miq. ex Havil.							√	√
232. 茜草科 Rubiaceae	水锦树 *Wendlandia uvariifolia* Hance						√	√	√
233. 忍冬科 Caprifoliaceae	华南忍冬 *Lonicera confusa* DC.						√	√	√

科名	种名	栽培	保护级别	外来植物	禅城区	顺德区	南海区	高明区	三水区
233. 忍冬科 Caprifoliaceae	金银花 *Lonicera japonica* Thunb.	*			√	√	√	√	√
233. 忍冬科 Caprifoliaceae	接骨草（陆英、八棱麻） *Sambucus chinensis* Lindl.							√	√
233. 忍冬科 Caprifoliaceae	珊瑚树（早禾树） *Viburnum odoratissimum* Ker					√	√	√	√
233. 忍冬科 Caprifoliaceae	坚荚树（常绿荚蒾） *Viburnum sempervirens* K.Koch.							√	√
235. 败酱科 Valerianaceae	黄花败酱 *Patrinia scabiosaefolia* Fisch.						√		√
238. 菊科 Compositae	下田菊 *Adenostemma lavenia* (L.)O. Ktze.				√	√	√	√	√
238. 菊科 Compositae	胜红蓟（白花草） *Ageratum conyzoides* L.				√	√	√	√	√
238. 菊科 Compositae	熊耳草 *Ageratum houstonianum* Mill.				√	√	√	√	√
238. 菊科 Compositae	山黄菊 *Anisopappus chinensis* Hook. et Arn.						√	√	√
238. 菊科 Compositae	艾蒿 *Artemisia argyi* Levl. et Vant				√	√	√	√	√
238. 菊科 Compositae	黄花蒿 *Artemisia annua* L.				√	√	√	√	√
238. 菊科 Compositae	茵陈蒿 *Artemisia capillaris* Thunb.						√	√	√
238. 菊科 Compositae	五月艾 *Artemisia indica* Willd.				√	√	√	√	√
238. 菊科 Compositae	白舌紫菀 *Aster baccharoides* (Benth.)Steetz.							√	√
238. 菊科 Compositae	鬼针草 *Bidens bipinnata* L.				√	√	√	√	√
238. 菊科 Compositae	三叶鬼针草 *Bidens pilosa* L.				√	√	√	√	√
238. 菊科 Compositae	六耳铃 *Blumea laciniata* (Roxb.) DC.						√	√	√
238. 菊科 Compositae	大头艾纳香（东风草） *Blumea megacephala* (Randa.) Chang et Tseng					√	√	√	√
238. 菊科 Compositae	石胡荽 *Centipeda minima* (L.) A.Br. et. Ascher.				√	√	√	√	√

科名	种名	栽培	保护级别	外来植物	禅城区	顺德区	南海区	高明区	三水区
238. 菊科 Compositae	香丝草 *Conyza bonariensis* (L.) Cronq.				√	√	√	√	√
238. 菊科 Compositae	加拿大蓬（小白酒草、小飞蓬） *Conyza canadensis* (L.) Cronq.			△	√	√	√	√	√
238. 菊科 Compositae	革命菜（野茼蒿、东风菜） *Crassocephalum crepidioides* (Benth.) S. Moore				√	√	√	√	√
238. 菊科 Compositae	野菊（野黄菊） *Dendranthema indicum* L.				√	√	√	√	√
238. 菊科 Compositae	菊（菊花） *Dendranthema moriforium* Ram.				√	√	√	√	√
238. 菊科 Compositae	鱼眼菊 *Dichrociphala integrifolia* (L.f.) Kuntze					√	√	√	√
238. 菊科 Compositae	鳢肠（旱莲草） *Eclipta prostrata* L.				√	√	√	√	√
238. 菊科 Compositae	白花地胆草 *Elephantopus tomentosa* L.					√	√	√	√
238. 菊科 Compositae	一点红 *Emilia sonchifolia* (L.) DC.				√	√	√	√	√
238. 菊科 Compositae	鹅不食草 *Epaltes anstralis* Less.				√	√	√	√	√
238. 菊科 Compositae	假臭草 *Eupatorium catarium* Veldkamp.			△	√	√	√	√	√
238. 菊科 Compositae	鼠麹草 *Gnaphalium affine* D. Don				√		√	√	√
238. 菊科 Compositae	红背菜（两色三七草） *Gynura bicolor* DC.				√		√	√	√
238. 菊科 Compositae	白子菜 *Gynura divaricata* (L.) DC.					√	√	√	√
238. 菊科 Compositae	泥胡菜 *Hemistepta lyrata* Bunge				√	√	√	√	√
238. 菊科 Compositae	牛白胆（羊耳菊） *Inula cappa* (Buch.-Ham.) DC.				√	√	√	√	√
238. 菊科 Compositae	野苦荬 *Ixeris denticulata* (Houtt.) Stebb.				√	√	√	√	√
238. 菊科 Compositae	莴苣（生菜、贾子） *Lactuca sativa* L.	*			√	√	√	√	√
238. 菊科 Compositae	薇甘菊 *Mikania micarantha* H.B.et Kunth			△	√	√	√	√	√

科名	种名	栽培	保护级别	外来植物	禅城区	顺德区	南海区	高明区	三水区
238. 菊科 Compositae	千里光 *Senecio scandens* Buch.-Ham.				√	√	√	√	√
238. 菊科 Compositae	豨莶 *Siegesbeckia orientalis* L.				√	√	√	√	√
238. 菊科 Compositae	裸柱菊 *Soliva anthemifolia* R.Br.				√	√	√	√	√
238. 菊科 Compositae	苣荬菜 *Sonchus arvensis* L.				√	√	√	√	√
238. 菊科 Compositae	金钮扣 *Spilanthes paniculata* Wall. ex DC.					√	√	√	√
238. 菊科 Compositae	金腰箭 *Synedrella nodiflora* (L.) Gaertn.			△	√	√	√	√	√
238. 菊科 Compositae	万寿菊 *Tagetes erecta* L.	*			√	√	√	√	√
238. 菊科 Compositae	肿柄菊 *Tithonia diversifolia* A.Gray			△	√		√		
238. 菊科 Compositae	茄叶斑鸠菊 *Vernonia solanifolia* Benth					√	√	√	√
238. 菊科 Compositae	夜香牛 *Vernonia cinerea* (L.) Less.				√	√	√	√	√
238. 菊科 Compositae	蟛蜞菊 *Wedelia chinensis* (Osb.) Merr.				√	√	√	√	√
238. 菊科 Compositae	美洲蟛蜞菊（三裂叶蟛蜞菊） *Wedelia trilobata* (L.) Hitchl.	*		△	√	√	√	√	√
238. 菊科 Compositae	苍耳 *Xanthium sibiricum* Patrin ex Widder				√	√	√	√	√
238. 菊科 Compositae	黄鹌菜 *Youngia japonica* (L.) DC.				√	√	√	√	√
240. 报春花科 Primulaceae	星宿菜 *Lysimachia fortunei* Maxim.						√		√
241. 蓝雪科 Plumbaginaceae	白雪花（白花丹） *Plumbago zeylanica* L.				√	√	√	√	√
242. 车前科 Plantaginaceae	车前草 *Plantago major* L.				√	√	√	√	√
244. 半边莲科 Lobeliaceae	半边莲 *Lobelia chinensis* Lour.						√	√	√
244. 半边莲科 Lobeliaceae	铜锤玉带草 *Pratia nummularia* (Lam.) A.Bret Aschers.							√	√

科名	种名	栽培	保护级别	外来植物	禅城区	顺德区	南海区	高明区	三水区
249. 紫草科 Boraginaceae	柔弱斑种草 *Bothriospermum tenellum* (Hornem) Fisch. et Mey.				√	√	√	√	√
249. 紫草科 Boraginaceae	福建茶（基及树） *Carmona microphylla* (Lam.) G.Don	*			√	√	√	√	√
249. 紫草科 Boraginaceae	厚壳树 *Ehretia thyrsiflora* (Sieb. et Zucc.) Nakai	*			√	√			
249. 紫草科 Boraginaceae	大尾摇 *Heliotropium indicum* L.						√		
249. 紫草科 Boraginaceae	附地菜 *Trigonotia peduncularis* (Trev.)Benth.							√	
250. 茄科 Solaceae	辣椒 *Capsicum annuum* L.	*			√	√	√	√	√
250. 茄科 Solaceae	菜椒 *Capsicum annuum* var. *grossum* (L.) Sendt.	*			√	√	√	√	√
250. 茄科 Solaceae	指天椒 *Capsicum annuum* var. *conoides* Bailey	*			√	√	√	√	√
250. 茄科 Solaceae	枸杞 *Lycium chinenese* Mill.	*			√	√	√	√	√
250. 茄科 Solaceae	西红柿（番茄） *Lycopersicum esculentum* Mill.	*			√	√	√	√	√
250. 茄科 Solaceae	苦蘵 *Physalis angulata* L.					√	√	√	√
250. 茄科 Solaceae	白英 *Solanum lyratum* Thunb.						√	√	√
250. 茄科 Solaceae	茄（矮瓜、紫茄） *Solanum melongena* var. *esculentum* Nees.	*			√	√	√	√	√
250. 茄科 Solaceae	少花龙葵 *Solanum photeinocarpum* Nakam. et Odash.				√	√	√	√	√
250. 茄科 Solaceae	水茄 *Solanum torvum* Sw.				√	√	√	√	√
250. 茄科 Solaceae	假烟叶 *Solanum verbaseifolium* L.				√	√	√	√	√
251. 旋花科 Convolvulaceae	菟丝子 *Cuscuta chinensis* Lam.				√	√	√	√	√
251. 旋花科 Convolvulaceae	丁公藤 *Erycibe obtusifolia* Benth.				√	√	√	√	√
251. 旋花科 Convolvulaceae	蕹菜（空心菜） *Ipomoea aquatica* Forsk.	*			√	√	√	√	√

科名	种名	栽培	保护级别	外来植物	禅城区	顺德区	南海区	高明区	三水区
251. 旋花科 Convolvulaceae	番薯（红薯、甘薯） *Ipomoea batatas* (L.) Lam.	*			√	√	√	√	√
251. 旋花科 Convolvulaceae	五爪金龙 *Ipomoea cairica* (L.) Sweet			△	√	√	√	√	√
251. 旋花科 Convolvulaceae	三裂叶薯 *Ipomoea triloba* L.			△	√	√	√	√	√
251. 旋花科 Convolvulaceae	牵牛 *Pharbitis nil* (L.) Choisy				√	√	√	√	√
251. 旋花科 Convolvulaceae	鱼黄草（金花茉栾藤、小花山猪菜） *Merremia hederacea* (Burm.) Hall.f.				√	√	√	√	√
252. 玄参科 Scrophulariaceae	毛麝香 *Adenosma glutinosum* (L.) Druce					√	√	√	√
252. 玄参科 Scrophulariaceae	假马齿苋 *Bacopa monnieri* (L.) Wettst.						√	√	√
252. 玄参科 Scrophulariaceae	长蒴母草（长果母草） *Lindernia anagallis* (Burm.f.) Penn.				√	√	√	√	√
252. 玄参科 Scrophulariaceae	泥花草 *Lindernia antipoda* (L.) Alston				√	√	√	√	√
252. 玄参科 Scrophulariaceae	陌上菜 *Lindernia procumbens* (Kroch.) Philcox				√	√	√	√	√
252. 玄参科 Scrophulariaceae	旱田草 *Lindernia ruellioides* (Colsm.) Penn.				√	√	√	√	√
252. 玄参科 Scrophulariaceae	通泉草 *Mazus japonicus* (Thunb.) O.Kuntze				√	√	√	√	√
252. 玄参科 Scrophulariaceae	泡桐（白花泡桐） *Paulownia fortunei* (Seem.) Hemsl.						√	√	√
252. 玄参科 Scrophulariaceae	爆仗竹 *Russelia equisetiformis* Schecht. et Champ.				√	√	√		
252. 玄参科 Scrophulariaceae	野甘草（冰糖草） *Scoparia dulcis* L.			△	√	√	√	√	√
252. 玄参科 Scrophulariaceae	单色蝴蝶草 *Torenia concolor* Lindl.						√	√	
252. 玄参科 Scrophulariaceae	黄花蝴蝶草 *Torenia flava* Buch.-Ham. ex Benth.				√	√		√	
253. 列当科 Orobanchaceae	野菰 *Aegianetia indica* Linn.						√	√	√
254. 狸藻科 Lentibulariaceae	黄花狸藻 *Utricularia aurea* Lour.					√	√		

科名	种名	栽培	保护级别	外来植物	禅城区	顺德区	南海区	高明区	三水区
254. 狸藻科 Lentibulariaceae	挖耳草 *Utricularia bifida* L.						√	√	√
256. 苦苣苔科 Gesneriaceae	大叶石上莲 *Oreocharis benthamii* Clarke							√	√
256. 苦苣苔科 Gesneriaceae	大岩桐 *Sinningia speciosa*	*			√	√			
257. 紫葳科 Bignoniaceae	蓝花楹 *Jacaranda mimosifolia* D.Don	*		△	√	√	√		
257. 紫葳科 Bignoniaceae	吊瓜树 *Kigelia africana* (Lam.) Benth.	*		△	√	√	√		
257. 紫葳科 Bignoniaceae	木蝴蝶 *Oroxylum indicum* (L.) Benth. ex Kurz	*		△					√
257. 紫葳科 Bignoniaceae	菜豆树 *Radermachera sinica* (Hance) Hemsl.	*		△	√	√	√		
257. 紫葳科 Bignoniaceae	火焰树（火焰木） *Spathodea campanulata* Beauv.	*		△	√	√	√		
257. 紫葳科 Bignoniaceae	黄花风铃木 *Tabebuia chrysantha* (Jacq.) Nichols	*		△	√	√	√		
259. 爵床科 Acanthaceae	穿心莲 *Andrographus paniculata* (Burm.f.)Ners	*			√	√			
259. 爵床科 Acanthaceae	假杜鹃 *Barleria cristata* L.					√	√	√	√
259. 爵床科 Acanthaceae	虾衣花 *Beloperone guttata* Brandegee	*		△	√	√			
259. 爵床科 Acanthaceae	鳄嘴花 *Clinacanthus nutans* (Burm. f.) Lindau							√	
259. 爵床科 Acanthaceae	钟花草 *Codonacanthus pauciflorus* (Nees) Nees						√		√
259. 爵床科 Acanthaceae	狗肝菜 *Dicliptera chinenses* Nees.				√	√	√	√	√
259. 爵床科 Acanthaceae	可爱花 *Eranthemum nervosum* R. Br.	*		△		√			
259. 爵床科 Acanthaceae	大叶网纹草 *Fittonia verschaffeltii* var. *argyroneura*	*			√	√			√
259. 爵床科 Acanthaceae	水蓑衣 *Hygrophila salicifolia* (Vahl) Nees						√		√
259. 爵床科 Acanthaceae	鳞花草 *Lepidagathis incurva* Don				√	√	√	√	√

科名	种名	栽培	保护级别	外来植物	禅城区	顺德区	南海区	高明区	三水区
259. 爵床科 Acanthaceae	金苞花（黄虾花） *Pachystachys lutea* Nees.	*			√	√	√		
259. 爵床科 Acanthaceae	翠芦莉 *Ruellia brittoniana* Leonard	*		△	√	√	√		
259. 爵床科 Acanthaceae	大花老鸦嘴 *Thunbergia grandiflora* (Roxb. ex Rottl.) Roxb.				√	√	√	√	
259. 爵床科 Acanthaceae	黄脉爵床 *Sanchezia parvibracteata* Sprague et Hutch.	*		△	√	√	√		
259. 爵床科 Acanthaceae	四子马蓝 *Strobilanthes tetraspermus*（Champ. ex Benth.）Druce						√	√	√
263. 马鞭草科 Verbenaceae	枇杷叶紫珠 *Callicarpa kochiana* Makino						√	√	√
263. 马鞭草科 Verbenaceae	尖尾枫 *Callicarpa longissima* (Hemsl.) Merr.							√	√
263. 马鞭草科 Verbenaceae	大叶紫珠 *Callicarpa marcrophylla* Vahl						√	√	√
263. 马鞭草科 Verbenaceae	臭牡丹 *Clerodendrum bungei* Steud.						√	√	√
264. 马鞭草科 Verbenaceae	灰毛大青 *Clerodendrum canescens* Wall.					√	√	√	√
263. 马鞭草科 Verbenaceae	大青 *Clerodendron cyrtophyllum* Turcz.							√	√
263. 马鞭草科 Verbenaceae	鬼灯笼（白花灯笼） *Clerodendron fortunatum* L.				√	√	√	√	√
263. 马鞭草科 Verbenaceae	桢桐 *Clerodendrum japonicum* (Thunb.) Sweet.				√	√	√	√	√
263. 马鞭草科 Verbenaceae	重瓣臭茉莉 *Clerodendron philippinum* Schauer						√	√	√
264. 马鞭草科 Verbenaceae	龙吐珠 *Clerodendrum thomsonae* Balf.	*			√	√	√		√
263. 马鞭草科 Verbenaceae	假连翘 *Duranta repens* L.	*		△	√	√	√	√	√
263. 马鞭草科 Verbenaceae	金叶假连翘 *Duranta repens* L. cv. *Dwarf Yellow*	*		△	√	√	√	√	√
263. 马鞭草科 Verbenaceae	海南石梓 *Gmelina hainanensis* Oliv.							√	
263. 马鞭草科 Verbenaceae	马缨丹（五色梅） *Lantana camara* L.			△	√	√	√	√	√

科名	种名	栽培	保护级别	外来植物	禅城区	顺德区	南海区	高明区	三水区
263. 马鞭草科 Verbenaceae	豆腐柴 *Premna microphlla* Turcz.						√	√	√
263. 马鞭草科 Verbenaceae	牡荆 *Vitex negundo* var. *cannabilobia* (S. et Z.) H.-M.					√	√	√	√
263. 马鞭草科 Verbenaceae	山牡荆 *Vitex quinata* (Lour.) Will.						√	√	√
264. 唇形科 Labiatae	肾茶（猫须草） *Clerodendranthus spicatus* (Thunb.) C.Y.Wu	*			√	√	√	√	√
264. 唇形科 Labiatae	风轮菜 *Clinopodium chinense* (Benth.) Kuntze					√	√	√	√
264. 唇形科 Labiatae	瘦风轮菜 *Clinopodium multicaule* (Maxim.) Ktze.				√	√	√	√	√
264. 唇形科 Labiatae	洋紫苏（五彩苏） *Coleus scutellarioides* (L.) Benth.	*		△	√	√	√	√	√
264. 唇形科 Labiatae	水虎尾 *Dysophylla stellata* (Lour.) Benth.						√	√	√
264. 唇形科 Labiatae	广防风 *Epimeredi indica* (L.) Rothm.				√	√	√	√	√
264. 唇形科 Labiatae	吊球草 *Hyptis rhomboidea* Mart. et Gal.			△	√	√	√	√	√
264. 唇形科 Labiatae	香茶菜 *Isodon amethystoides* (Benth.)Hara						√	√	√
264. 唇形科 Labiatae	益母草 *Leonurus heterophyllus* Sweet.				√	√	√	√	√
264. 唇形科 Labiatae	土荆芥（蜜蜂花） *Melissa axillaris* (Benth.) Bakh.f.				√	√	√	√	√
264. 唇形科 Labiatae	薄荷 *Mentha haplocalyx* Briq.	*			√	√	√	√	
264. 唇形科 Labiatae	紫苏 *Perilla frutescens* var. *acuta* (Thunb.) Kudo	*			√	√	√	√	√
264. 唇形科 Labiatae	珍珠菜 *Pogostemon auricularius* (L.) Kassk.						√		√
264. 唇形科 Labiatae	一串红（西洋红） *Salvia splendens* Ker-Gawl.	*		△	√	√	√	√	
264. 唇形科 Labiatae	韩信草（耳挖草） *Scutellaria indica* L.				√		√	√	√
264. 唇形科 Labiatae	血见愁 *Teucrium viscidum* Bl.					√	√	√	√

科名	种名	栽培	保护级别	外来植物	禅城区	顺德区	南海区	高明区	三水区
266. 水鳖科 Hydrocharitaceae	黑藻 *Hydrilla verticillata*(Linn. f.) Royle							√	
267. 泽泻科 Alismataceae	慈姑 *Sagittaria sagittifolia* L.	*				√	√	√	√
276. 眼子菜科 Potamogetonaceae	菹草 *Potamogeton crispus* L.				√	√	√	√	√
280. 鸭跖草科 Commelinaceae	饭包草 *Commelina bengalensis* L.						√	√	
280. 鸭跖草科 Commelinaceae	鸭跖草 *Commelina communis* L.						√	√	√
280. 鸭跖草科 Commelinaceae	聚花草 *Floscopa scandens* Lour.						√	√	√
280. 鸭跖草科 Commelinaceae	水竹叶 *Murdannia triquetra* (Wall. ex C. B. Clarke) Bruckn.					√	√	√	√
280. 鸭跖草科 Commelinaceae	紫万年青(蚌花、蚌兰) *Rhoeo disalor* (L'Her.) Hance				√	√	√	√	
280. 鸭跖草科 Commelinaceae	小蚌兰(小蚌花) *Rhoeo spathaceo* cv. *Compacta*				√	√	√	√	√
280. 鸭跖草科 Commelinaceae	紫竹梅 *Setcreasea purpurea* Boom.				√	√	√	√	
280. 鸭跖草科 Commelinaceae	吊竹梅 (紫背鸭跖草) *Zebrina pendula* Schuizl.				√	√	√	√	√
283. 黄眼草科 Xyridaceae	黄眼草 *Xyris indica* L.						√	√	√
285. 谷精草科 Eriocaulaceae	华南谷精草 *Eriocaulon sexangulare* L.						√	√	√
287. 芭蕉科 Musaceae	香蕉 *Musa acuminata* Colla	*			√	√	√	√	√
287. 芭蕉科 Musaceae	大蕉(芭蕉) *Musa paradisiaca* L.	*			√	√	√	√	√
287. 芭蕉科 Musaceae	野芭蕉(山芭蕉) *Musa balbisiana* Colla							√	√
290. 姜科 Zingiberaceae	华山姜 *Alpinia chinensis* (Retz.) Rosc.						√	√	√
290. 姜科 Zingiberaceae	山姜(箭秆风) *Alpinia japonica* (Thunb.) Miq.							√	
290. 姜科 Zingiberaceae	草豆蔻 *Alpinia katsumadai* Hayata.				√	√	√	√	√

科名	种名	栽培	保护级别	外来植物	禅城区	顺德区	南海区	高明区	三水区
290. 姜科 Zingiberaceae	郁金 *Curcuma aromatica* Salisb.					√		√	√
290. 姜科 Zingiberaceae	姜 *Zingiber officinale* Rosc.	*			√	√	√	√	√
290. 姜科 Zingiberaceae	红球姜 *Zingiber zerumbet* (L.) Smith.						√	√	
292. 竹芋科 Marantaceae	柊叶 *Phrynium capitatum* Willd.	*			√	√	√	√	√
293. 百合科 Liliaceae	天门冬（天冬、假天冬） *Asparagus cochinchinensis* (Lour.) Merr.							√	√
293. 百合科 Liliaceae	蜘蛛抱蛋 *Aspidistra elatior* Bl.						√	√	
293. 百合科 Liliaceae	山菅兰 *Dianella ensifolia* (L.) DC.				√	√	√	√	√
293. 百合科 Liliaceae	土麦冬 *Liriope spicata* Lour.				√	√	√	√	√
293. 百合科 Liliaceae	沿阶草 *Ophiopogon japonicus* (L.f.) Ker-Gawl.	*			√	√	√	√	√
296. 雨久花科 Pontederiaceae	凤眼莲（凤眼蓝、水浮莲） *Eichornia crassipes* (Mart.) Slom.			△	√	√	√	√	√
296. 雨久花科 Pontederiaceae	鸭舌草 *Monochoria vaginalis* (Burm.f.) Presl. ex. Kunth						√		√
297. 菝葜科 Smilaceae	短柱肖菝葜 *Heterosmilax yunnanensis* Gagnep.						√	√	√
297. 菝葜科 Smilaceae	菝葜（金刚藤） *Smilax china* L.				√	√	√	√	√
297. 菝葜科 Smilaceae	土茯苓（光叶菝葜） *Smilax glabra* Roxb.					√	√	√	√
297. 菝葜科 Smilaceae	暗色菝葜 *Smilax lanceaefolia* var. *opaca* A.DC.						√	√	√
297. 菝葜科 Smilaceae	牛尾菜 *Smilax riparia* A.DC.						√	√	√
302. 天南星科 Araceae	菖蒲（水菖蒲） *Acorus calamus* L.						√	√	√
302. 天南星科 Araceae	石菖蒲 *Acorus tatarinowii* Schott.						√	√	√
302. 天南星科 Araceae	粤万年青（万年青） *Aglaonema modestum* Schott	*			√	√	√	√	√

科名	种名	栽培	保护级别	外来植物	禅城区	顺德区	南海区	高明区	三水区
302. 天南星科 Araceae	尖尾芋 *Alocasia cucullata* (Lour.) Schott					√	√	√	√
302. 天南星科 Araceae	海芋（广东狼毒） *Alocasia macrorrhiza* (L.) Schott				√	√	√	√	√
302. 天南星科 Araceae	魔芋 *Amorphophallus rivieri* Dur.				√	√	√	√	√
302. 天南星科 Araceae	野芋（水芋） *Colocasia antiquorum* Schott. et Endl.				√	√	√	√	√
302. 天南星科 Araceae	芋 *Colocasia esculenta* (L.) Schott	*			√	√	√	√	√
302. 天南星科 Araceae	刺芋 *Lasia spinosa* (L.) Thwait.							√	
302. 天南星科 Araceae	龟背竹 *Monstera deliciosa* Liebm.	*		△	√	√	√	√	√
302. 天南星科 Araceae	春羽 *Philodendron selloum* K. Koch	*		△	√	√	√	√	√
302. 天南星科 Araceae	大薸 *Pistia stratiotes* L.				√	√	√	√	√
302. 天南星科 Araceae	石柑子（石蒲藤） *Pothos chinensis* (Raf.) Merr.							√	√
302. 天南星科 Araceae	蜈蚣藤（百足藤） *Pothos repens* (Lour.) Druce						√	√	√
302. 天南星科 Araceae	绿萝 *Scindapsus aureus* Engler.	*			√	√	√	√	√
302. 天南星科 Araceae	白蝴蝶 *Syngonium podophullum* cv. *White Butterfly*	*		△	√	√	√	√	√
302. 天南星科 Araceae	犁头尖（土半夏） *Typhonium divaricatum* Decne.				√	√	√	√	√
303. 浮萍科 Lemnaceae	浮萍 *Lemna minor* L.				√	√	√	√	√
305. 香蒲科 Typhaceae	狭叶香蒲 *Typha angustifolia* L.					√	√		√
306. 石蒜科 Amaryllidaceae	葱 *Allium fistulosum* L.	*			√	√	√	√	√
306. 石蒜科 Amaryllidaceae	蒜（大蒜） *Allium sativum* L.	*			√	√	√	√	√
306. 石蒜科 Amaryllidaceae	文殊兰 *Crinum asiaticum* L. var. *sinicum* Baker	*			√	√	√	√	√

科名	种名	栽培	保护级别	外来植物	禅城区	顺德区	南海区	高明区	三水区
306. 石蒜科 Amaryllidaceae	萱草 *Hemerocallis fulva* (L.) L.	*			√	√	√	√	√
306. 石蒜科 Amaryllidaceae	朱顶兰 *Hippeastrum vittatum* (L'Her.) Herb.	*		△	√	√	√		
306. 石蒜科 Amaryllidaceae	水鬼蕉 *Hymenocallis littoralis* (Jacq.) Salisb.	*		△	√	√	√		
306. 石蒜科 Amaryllidaceae	水仙 *Narcissus tazetta* L. var. *chinensis* Roem.	*			√	√	√	√	√
306. 石蒜科 Amaryllidaceae	葱兰(玉帘、葱莲) *Zephyranthes candida* Herb.	*			√	√	√	√	√
306. 石蒜科 Amaryllidaceae	黄花葱兰 *Zephyranthes citrina* Baker	*			√	√	√		
311. 薯蓣科 Dioscoreaceae	参薯 *Dioscorea alata* L.	*			√	√	√	√	√
311. 薯蓣科 Dioscoreaceae	大青薯 *Dioscorea benthamii* Prain et Burkill						√	√	√
311. 薯蓣科 Dioscoreaceae	光叶薯莨 *Dioscorea glabra* Roxb.						√	√	√
311. 薯蓣科 Dioscoreaceae	薯莨 *Dioscorea cirrhosa* Lour.						√	√	√
313. 龙舌兰科 Agavaceae	朱蕉 *Cordyline terminalis* Kunth.	*		△	√	√	√		
313. 龙舌兰科 Agavaceae	金心巴西铁 *Dracaena fragrans* cv. *Massangeana*	*		△	√	√	√	√	√
313. 龙舌兰科 Agavaceae	酒瓶兰 *Nolina recurvata*	*		△	√	√	√		
314. 棕榈科 Palmae	假槟榔 *Archontophoenix alexandrae* (F. Muell.) H. Wendl. et Drude	*		△	√	√	√	√	√
314. 棕榈科 Palmae	杖枝省藤(华南省藤) *Calamus rhadocladus* Burret						√	√	√
314. 棕榈科 Palmae	鱼尾葵 *Caryota ochlandra* Hance							√	
314. 棕榈科 Palmae	黄藤 *Daemonorops margaritae*(Hance)Becc.							√	√
314. 棕榈科 Palmae	散尾葵 *Dypsis lutescens* (H. Wendl.) Beentje et Dransf.	*		△	√	√	√	√	√
314. 棕榈科 Palmae	蒲葵 *Livistona chinensis* (Jacq.) R. Br.	*		△	√	√	√	√	√

科名	种名	栽培	保护级别	外来植物	禅城区	顺德区	南海区	高明区	三水区
314. 棕榈科 Palmae	棕竹 *Rhapis excelsa* (Thunb.) Henry ex Rehd.						√	√	
314. 棕榈科 Palmae	多裂棕竹 *Rhapis multifida* Burret	*			√	√	√	√	√
314. 棕榈科 Palmae	大王椰子 *Roystonea regia* (Kunth) O. F. Cook	*		△	√	√	√	√	√
314. 棕榈科 Palmae	老人葵 *Washingtonia filifera* Wendl.	*		△	√	√	√	√	√
315. 露兜树科 Pandanaceae	簕古子 *Pandanus forceps* Martelli				√	√	√	√	√
315. 露兜树科 Pandanaceae	红刺林投 *Pandanus utilis* Bory	*			√	√	√	√	
318. 仙茅科 Hypoxidaceae	大叶仙茅 *Curculigo capitulata* (Lour.) O.Ktze.							√	
323. 蒟蒻薯科 Taccaceae	箭根薯 *Tacca chantrieri* Andre							√	
326. 兰科 Orchidaceae	竹叶兰 *Arundina graminifolia* (D.Don) Hochr.		濒危野生动植物种国际贸易公约保护				√	√	√
326. 兰科 Orchidaceae	广东石豆兰 *Bulbophyllum kwangtungense* Schltr.		濒危野生动植物种国际贸易公约保护				√	√	
326. 兰科 Orchidaceae	虾脊兰 *Calanthe nankunensis* Tsi		濒危野生动植物种国际贸易公约保护				√	√	

科名	种名	栽培	保护级别	外来植物	禅城区	顺德区	南海区	高明区	三水区
326. 兰科 Orchidaceae	流苏贝母兰 *Coelogyne fimbriata* Lindl.		濒危野生动植物种国际贸易公约保护					√	√
326. 兰科 Orchidaceae	钳唇兰 *Erythrodes blumei* (Lindl.) Schltr.		濒危野生动植物种国际贸易公约保护		√	√	√	√	√
326. 兰科 Orchidaceae	美冠兰 *Eulophia graminea* Lindl.		濒危野生动植物种国际贸易公约保护		√	√	√	√	√
326. 兰科 Orchidaceae	见血青（显脉羊耳蒜） *Liparis nervosa* (Thunb. ex A.Murray) Lindl.		濒危野生动植物种国际贸易公约保护					√	
326. 兰科 Orchidaceae	橙黄玉凤花 *Habenaria rhodocheila* Hance		濒危野生动植物种国际贸易公约保护					√	
326. 兰科 Orchidaceae	鹤顶兰 *Phaius tankervilliae* (Banks) Bl.		濒危野生动植物种国际贸易公约保护					√	

科名	种名	栽培	保护级别	外来植物	禅城区	顺德区	南海区	高明区	三水区
326. 兰科 Orchidaceae	石仙桃 *Pholidota chinensis* Lindl.		濒危野生动植物种国际贸易公约保护				√	√	
326. 兰科 Orchidaceae	绶草（盘龙参） *Spiranthes australis* (R.Brown) Lindl.		濒危野生动植物种国际贸易公约保护		√	√	√	√	√
327. 灯心草科 Juncaceae	灯心草 *Juncus effusus* L.				√	√	√	√	√
331. 莎草科 Cyperaceae	球柱草 *Bulbostylis barbata* (Rottb.) C.B.Clarke.				√	√	√	√	√
331. 莎草科 Cyperaceae	中华苔草 *Carex chinensis* Retz.				√	√	√	√	√
331. 莎草科 Cyperaceae	十字苔草 *Carex cruciata* Vahl				√	√	√	√	√
331. 莎草科 Cyperaceae	风车草 *Cyperus alternefolius* L. ssp. *flabelliformis* (Rottb.) Kukenth.	*		△	√	√	√	√	√
331. 莎草科 Cyperaceae	扁穗莎草 *Cyperus compressus* L.				√	√	√	√	√
331. 莎草科 Cyperaceae	异型莎草 *Cyperus difformis* L.					√	√	√	√
331. 莎草科 Cyperaceae	高秆莎草 *Cyperus exaltatus* Retz.				√	√	√	√	√
331. 莎草科 Cyperaceae	畦畔莎草 *Cyperus haspan* L.				√	√	√	√	√
331. 莎草科 Cyperaceae	碎米莎草 *Cyperus iria* L.				√	√	√	√	√
331. 莎草科 Cyperaceae	短叶茳芏 *Cyperus malaccensis* var. *brevifolius* Bocklr.				√	√	√	√	√
331. 莎草科 Cyperaceae	莎草（香附子） *Cyperus rotundus* L.				√	√	√	√	√

科名	种名	栽培	保护级别	外来植物	禅城区	顺德区	南海区	高明区	三水区
331. 莎草科 Cyperaceae	马蹄(荸荠) *Eleocharis dulcis* (Burm.f.) Trin. ex Henschel.	*				√		√	√
331. 莎草科 Cyperaceae	龙师草 *Eleocharis tetraqueter* Nees					√	√	√	√
331. 莎草科 Cyperaceae	牛毛毡 *Eleocharis yokoscensis* (Franch. et Sav.) Tang et Wang				√	√	√	√	√
331. 莎草科 Cyperaceae	飘拂草 *Fimbristylis aestivalis* (Retz.) Vahl				√	√	√	√	√
331. 莎草科 Cyperaceae	水虱草(日照飘拂草) *Fimbristylis miliacea* (L.) Vahl					√	√	√	√
331. 莎草科 Cyperaceae	垂穗飘拂草 *Fimbristylis nutans*(Retz.)Vahl						√		√
331. 莎草科 Cyperaceae	黑莎草 *Gahnia tristis* Nees					√	√	√	√
331. 莎草科 Cyperaceae	割鸡芒 *Hypolytrum nemorum* (Vahl) Spreng.					√	√	√	√
331. 莎草科 Cyperaceae	水蜈蚣 *Kyllinga brevifolia* Rottb.				√	√	√	√	√
331. 莎草科 Cyperaceae	单穗水蜈蚣 *Kyllinga nemoralis* (Forst.) Dandy ex Hutch.				√	√	√	√	√
331. 莎草科 Cyperaceae	鳞籽莎 *Lepidosperma chinensis* Nees						√	√	√
331. 莎草科 Cyperaceae	砖子苗 *Mariscus umbellatus* Vahl.					√	√	√	√
331. 莎草科 Cyperaceae	刺子莞 *Rhynchospora rubra* (Lour.) Mak.				√	√	√	√	√
331. 莎草科 Cyperaceae	水葱 *Scirpus validus* Vahl				√	√	√	√	√
331. 莎草科 Cyperaceae	毛果珍珠茅 *Scleria levis* Retz.					√	√	√	√
331. 莎草科 Cyperaceae	高秆珍珠茅 *Scleria terrestris* (L.) Foss.					√	√	√	√
332A. 竹亚科 Bambusoideae	粉单竹 *Bambusa chungii* McClure	*			√	√	√	√	√
332A. 竹亚科 Bambusoideae	坭竹 *Bambusa gibba* McClure				√	√	√	√	√
332A. 竹亚科 Bambusoideae	撑篙竹 *Bambusa pervariabilis* McCl.				√	√	√	√	√

科名	种名	栽培	保护级别	外来植物	禅城区	顺德区	南海区	高明区	三水区
332A. 竹亚科 Bambusoideae	青皮竹 *Bambusa textilis* McCl.				√	√	√	√	√
332A. 竹亚科 Bambusoideae	黄金间碧竹 *Bambusa vulgaris* var. *vittata* A. et C.Riv.	*			√	√	√	√	√
332A. 竹亚科 Bambusoideae	箬叶竹(长耳箬竹) *Indocalamus longiauritus* Hand.-Mazz.				√	√	√		√
332B. 禾亚科 Agrostidoideae	看麦娘 *Alopecurus aequalis* Sobol.				√	√	√	√	√
332B. 禾亚科 Agrostidoideae	水蔗草 *Apluda mutica* L.				√	√	√	√	√
332B. 禾亚科 Agrostidoideae	野古草 *Arundinella hirta* (Thunb.) Tanakai				√	√	√	√	√
332B. 禾亚科 Agrostidoideae	芦竹 *Arundo donax* L.				√	√	√	√	√
332B. 禾亚科 Agrostidoideae	花叶芦竹 *Arundo donax* L. var. *versicolor*(Mill.)Stockes	*			√	√	√		√
332B. 禾亚科 Agrostidoideae	地毯草 *Axonopus compressus* (Sw.) Beauv.	*			√	√	√	√	√
332B. 禾亚科 Agrostidoideae	臭根子草 *Bothriochloa intermedia* (R.Br.) A.Camus					√	√	√	√
332B. 禾亚科 Agrostidoideae	巴拉草 *Brachiaria mutica* (Forsk.) Stapf							√	√
332B. 禾亚科 Agrostidoideae	四生臂形草 *Brachiaria subquadripara* (Trin.) Hitchc.						√	√	√
332B. 禾亚科 Agrostidoideae	蒺藜草 *Cenchrus echinatus* L.				√	√	√	√	√
332B. 禾亚科 Agrostidoideae	薏苡(薏苡、川谷) *Coix lacryma-jobi* L.				√	√	√	√	√
332B. 禾亚科 Agrostidoideae	柠檬草 *Cymbopogon citratus* (DC.) Stapf	*			√	√	√	√	√
332B. 禾亚科 Agrostidoideae	狗牙根 *Cynodon dactylon* (L.) Pers.				√	√	√	√	√
332B. 禾亚科 Agrostidoideae	弓果黍 *Cyrtococcum patens* A.Camus				√	√	√	√	√
332B. 禾亚科 Agrostidoideae	龙爪茅 *Dactyloctemium aegyptiacum* (L.) Willd.				√	√	√	√	√
332B. 禾亚科 Agrostidoideae	升马唐 *Digitaria ciliaris* (Retz.) Koel.				√	√	√	√	√

科名	种名	栽培	保护级别	外来植物	禅城区	顺德区	南海区	高明区	三水区
332B. 禾亚科 Agrostidoideae	马唐 *Digitaria sanguinalis* (L.) Soop.					√	√	√	√
332B. 禾亚科 Agrostidoideae	光头稗 *Echinochloa colonum* (L.) Link				√	√	√	√	√
332B. 禾亚科 Agrostidoideae	蟋蟀草（牛筋草） *Eleusine indica* (L.) Gaertn.				√	√	√	√	√
332B. 禾亚科 Agrostidoideae	鼠妇草 *Eragrostis atrovirens* (Desf.) Trin. ex Steud.				√	√	√	√	√
332B. 禾亚科 Agrostidoideae	多毛知风草 *Eragrostis pilosissima* Link				√	√	√	√	√
332B. 禾亚科 Agrostidoideae	鲫鱼草 *Eragrostis tenella* (L.) Beauv. ex Roem. et Schult.				√	√	√	√	√
332B. 禾亚科 Agrostidoideae	牛虱草 *Eragrostis unioloides* (Retz.) Nees ex Steud.					√	√	√	√
332B. 禾亚科 Agrostidoideae	假俭草 *Eremochloa ophiuroides* (Munro) Hack.				√	√	√	√	√
332B. 禾亚科 Agrostidoideae	黄茅 *Heteropogon contortus* (L.) Beauv.						√	√	√
332B. 禾亚科 Agrostidoideae	丝茅 *Imperata koenigii* (Retz.) Beauv.				√	√	√	√	√
332B. 禾亚科 Agrostidoideae	柳叶箬 *Isachne globosa* (Thunb.) Kuntze						√	√	√
332B. 禾亚科 Agrostidoideae	细毛鸭嘴草 *Ischaemum ciliare* Retz.					√	√	√	√
332B. 禾亚科 Agrostidoideae	千金子 *Leptochloa chinensis* (L.) Nees							√	√
332B. 禾亚科 Agrostidoideae	淡竹叶（山鸡米） *Lophatherum gracile* Brongn.					√	√	√	√
332B. 禾亚科 Agrostidoideae	刚莠竹 *Microstegium ciliatum* (Trin.) A. Camus						√	√	√
332B. 禾亚科 Agrostidoideae	蔓生莠竹 *Microstegium fasciculatum* (L.) Henrard				√	√	√	√	√
332B. 禾亚科 Agrostidoideae	五节芒 *Miscanthus floridulus* (Labill.) Wesb.				√	√	√	√	√
332B. 禾亚科 Agrostidoideae	芒 *Miscanthus sinensis* Anderss.				√	√	√	√	√
332B. 禾亚科 Agrostidoideae	类芦 *Neyraudia reynaudiana* (Kunth) Keng				√	√	√	√	√

科名	种名	栽培	保护级别	外来植物	禅城区	顺德区	南海区	高明区	三水区
332B. 禾亚科 Agrostidoideae	竹叶草 *Oplismenus compositus* (L.) Beauv.					√	√	√	√
332B. 禾亚科 Agrostidoideae	球米草 *Oplismenus undulatifolius* (Arduino) Roem.				√	√	√	√	√
332B. 禾亚科 Agrostidoideae	稻 *Oryza sativa* L.	*			√	√	√	√	√
332B. 禾亚科 Agrostidoideae	露籽草 *Ottochloa nodosa* (Kunth) Dandy				√	√	√	√	√
332B. 禾亚科 Agrostidoideae	短叶黍 *Panicum brevifolium* L.				√	√	√	√	√
332B. 禾亚科 Agrostidoideae	大黍 *Panicum maximum* Jacq.				√	√	√	√	√
332B. 禾亚科 Agrostidoideae	铺地黍 *Panicum repens* L.				√	√	√	√	√
332B. 禾亚科 Agrostidoideae	两耳草 *Paspalum conjugatum* Bergius				√	√	√	√	√
332B. 禾亚科 Agrostidoideae	圆果雀稗 *Paspalum scrobiculatum* L. var. *orbiculare* (G. Forst.) Hack.				√	√	√	√	√
332B. 禾亚科 Agrostidoideae	狼尾草 *Pennisetum alopecuroides* (L.) Spreng.				√	√	√	√	√
332B. 禾亚科 Agrostidoideae	象草 *Pennisetum purpureum* Schumach.	*		△	√	√	√	√	√
332B. 禾亚科 Agrostidoideae	芦苇 *Phragmites communis* Trin.						√		√
332B. 禾亚科 Agrostidoideae	金丝草 *Pogonatherum crinitum* (Thunb.) Kunth					√	√	√	√
332B. 禾亚科 Agrostidoideae	红毛草 *Rhynchelytrum repens* (Willd.) C.E. Hubb.			△	√	√	√	√	√
332B. 禾亚科 Agrostidoideae	粗轴草（筒轴茅、罗氏草） *Rottboellia exaltata* L.f.					√	√	√	√
332B. 禾亚科 Agrostidoideae	甘蔗 *Saccharum sinensis* Roxb.				√	√	√	√	√
332B. 禾亚科 Agrostidoideae	甜根子草 *Saccharum spontaneum* L.				√	√	√	√	√
332B. 禾亚科 Agrostidoideae	囊颖草 *Sacciolepis indica* (L.) A.Chase				√	√	√	√	√
332B. 禾亚科 Agrostidoideae	棕叶狗尾草 *Setaria palmifolia* (Koen.) Stapf						√	√	√

科名	种名	栽培	保护级别	外来植物	禅城区	顺德区	南海区	高明区	三水区
332B. 禾亚科 Agrostidoideae	皱叶狗尾草 *Setaria plicata* (Lamk.) T.Cooke				√	√	√	√	√
332B. 禾亚科 Agrostidoideae	狗尾草 *Setaria viridis* (L.) Beauv.				√	√	√	√	√
332B. 禾亚科 Agrostidoideae	稗荩 *Sphaerocaryum malaccense* (Trin.) Pilger.					√	√	√	√
332B. 禾亚科 Agrostidoideae	鼠尾粟 *Sporobolus fertilis* (Steud.) W.D.Clayt.				√	√	√	√	√
332B. 禾亚科 Agrostidoideae	棕叶芦 *Thysanolaena maxima* (Roxb.) Kuntze				√	√	√	√	√
332B. 禾亚科 Agrostidoideae	玉米 *Zea mays* L.	*			√	√	√	√	√
332B. 禾亚科 Agrostidoideae	茭笋 *Zizania caduciflora* (Turcz.) Hand.-Mazz.	*				√	√		√
332B. 禾亚科 Agrostidoideae	细叶结缕草（台湾草） *Zoysia tenuifolia* Willd. ex Trin.				√	√	√	√	√

附录2　佛山市动物名录

附表2-1　佛山市哺乳纲动物资源统计表

物种分类阶元	资源状况（相对多度）	数据来源
I 食虫目 INSECTIVORA		
1．鼩鼱科 Soricidae		
（1）臭鼩 *Suncus murinus*	++	调查
2．鼹科 Talpidae		
（2）华南缺齿鼹 *Mogera insularis*	+	调查
II 翼手目 CHIROPTERA		
3．蝙蝠科 Vespertilionidae		
（3）普通伏翼 *Pipistrellus pipistrellus*	++	调查
（4）山蝠 *Nyctalus noctula*	+	文献
4．菊头蝠科 Rhinolophidae		
（5）小菊头蝠 *Rhinolophus blythi*	++	调查
（6）鲁氏菊头蝠 *Rhinolophus rouxii*	+	文献
III 鳞甲目 PHOLIDOTA		
5．鲮鲤科 Manidae		
（7）穿山甲 *Manis pentadactyla*	+	文献
IV 食肉目 CARNIVORA		
6．鼬科 Mustelidae		
（8）黄鼬 *Mustela sibirica*	+	文献
（9）鼬獾 *Melogale moschata*	+	文献
（10）黄腹鼬 *Mustela kathiah*		文献
（11）猪獾 *Arctonyx collaris*	+	文献
7．灵猫科 Viverridae		
（12）小灵猫 *Viverricula indica*	+	文献
（13）果子狸 *Paguma larvata*	++	调查

物种分类阶元	资源状况（相对多度）	数据来源
（14）食蟹獴 *Herpestes urva*	+	文献
（15）红颊獴 *Herpestes javanicus*	+	文献
8．猫科 Felidae		
（16）豹猫 *Felis bengalensis*	+	文献
Ⅴ兔形目 LAGOMORPHA		
9．兔科 Leporidae		
（17）华南兔 *Lepus sinensis*	+	文献
Ⅵ啮齿目 RODENTLA		
10．松鼠科 Sciuridae		
（18）隐纹花松鼠 *Tamiops swinhoei*	++	调查
（19）红颊长吻松鼠 *Dremomys rufigenis*	+	文献
11．豪猪科 Hystricidae		
（20）豪猪 *Hystrix hodgsoni*	+	文献
12．竹鼠科 Rhizomyidae		
（21）银星竹鼠 *Rhizomys pruinosus*	++	调查
（22）中华竹鼠 *Rhizomys sinensis*	++	调查
13．鼠科 Muridae		
（23）巢鼠 *Micromys minutus*	++	调查
（24）社鼠 *Rattus confucianus*	++	调查
（25）褐家鼠 *Rattus norvegicus*	+++	调查
（26）黄毛鼠 *Rattus rattoides*	++	调查
（27）黄胸鼠 *Rattus flavipectus*	++	调查
（28）小家鼠 *Mus musculus*	+++	调查
（29）针毛鼠 *Rattus fulvescens*		调查
（30）板齿鼠 *Bandicota indica*	+	文献
Ⅶ偶蹄目 ARTIODACTYLA		
14．猪科 Suidae		
（31）野猪 *Sus scrofa*	++	调查

物种分类阶元	资源状况（相对多度）	数据来源
15．鹿科 Cervidae		
（32）赤麂 *Mutiacus muntjak*	+	文献

注："+" 表示稀少；"++" 表示中等；"+++" 表示丰富。

附表2-2　佛山市鸟纲动物资源统计表

物种分类阶元	资源状况（相对多度）	数据来源
Ⅰ鹳形目 CICONIIFORMES		
1．鹭科 Ardeidae		
（1）苍鹭 *Ardea cinerea*	++	调查
（2）牛背鹭 *Bubulcus ibis*	++	调查
（3）小白鹭 *Egretta garzetta*	+++	调查
（4）夜鹭 *Nycticorax nycticorax*	++	调查
（5）黄斑苇鳽 *Ixobrychus sinensis*	+	文献
（6）栗苇鳽 *Ixobrychus cinnamomeus*	+	调查
（7）池鹭 *Ardeola bacchus*	+	调查
（8）绿鹭 *Butorides striatus*	+	文献
Ⅱ䴙䴘目 PODICIPDIFORMES		
2．䴙䴘科 Podicipedidae		
（9）小䴙䴘 *Tachybapus ruficollis*	++	调查
Ⅲ雁形目 ANSERIFORMES		
3．鸭科 Anatidae		
（10）绿头鸭 *Anas platyrhynchos*	+	文献
Ⅳ隼形目 FALCONIFORMES		
4．鹰科 Accipitridae		
（11）黑冠鹃隼 *Aviceda leuphotes*	+	文献
（12）赤腹鹰 *Accipiter soloensis*	+	文献
（13）松雀鹰 *Accipiter virgatus*	+	文献

物种分类阶元	资源状况（相对多度）	数据来源
（14）黑耳鸢 *Milvus migrans lineatus*	+	文献
（15）普通鵟 *Buteo buteo*	+	文献
（16）蛇雕 *Spilornis cheela*	+	调查
（17）鹊鹞 *Circus melanoleucos*	+	文献
5．隼科 Falconidae		
（18）游隼 *Falco peregrinus*	+	文献
（19）红隼 *Falco tinnunculus*	+	调查
Ⅴ鸡形目 GALLIFORMES		
6．雉科 Phasianidae		
（20）鹧鸪 *Francolinus pintadeanus*	++	调查
（21）鹌鹑 *Coturnix coturnix*	+	文献
（22）灰胸竹鸡 *Bambusicola thoracica*	++	调查
（23）白鹇 *Lophura nycthemera*	++	调查
（24）雉鸡 *Phasianus colchicus*	+	调查
Ⅵ鹤形目 GRUIFORMES		
7．秧鸡科 Rallidae		
（25）蓝胸秧鸡 *Rallus striatus*	+	文献
（26）白胸苦恶鸟 *Amaurornis phoenicurus*	+	调查
（27）普通秧鸡 *Rallus aquaticus*	+	调查
（28）黑水鸡 *Gallinula chloropus*	+	调查
Ⅶ鸻形目 CHARADRIIFORMES		
8．反嘴鹬科 Recurvirostridea		
（29）黑翅长脚鹬 *Himantopus himantopus*	+	文献
9．鸻科 Charadriidae		
（30）金眶鸻 *Charadrius dubius*	+	调查
（31）环颈鸻 *Charadrius alexandrinus*	++	调查
10．鹬科 Scolopacidae		
（32）白腰草鹬 *Tringa ochropus*	+	文献

物种分类阶元	资源状况（相对多度）	数据来源
(33)矶鹬 *Actitis hypoleucos*	+	文献
(34)青脚鹬 *Tringa nebularia*	+	文献
Ⅷ 鸽形目 COLUMBIFORMES		
11. 鸠鸽科 Columbidae		
(35)山斑鸠 *Streptopelia orientalis*	+	调查
(36)珠颈斑鸠 *Streptopelia chinensis*	++	调查
(37)绿翅金鸠 *Chalcophaps indica*	+	文献
Ⅸ 鹃形目 CUCULIFORMES		
12. 杜鹃科 Cuculidae		
(38)鹰鹃 *Cuculus sparverioides*	+	调查
(39)四声杜鹃 *Cuculus micropterus*	+	调查
(40)八声杜鹃 *Cuculus merulinus*	+	调查
(41)大杜鹃 *Cuculus canorus*	+	调查
(42) 噪鹃 *Eudynamys scolopacea*	+	调查
(43) 褐翅鸦鹃 *Centropus sinensis*	++	调查
(44)小鸦鹃 *Centropus toulou*	+	调查
Ⅹ 鸮形目 STRIGIFORMES		
13. 草鸮科 Tytonidae		
(45)草鸮 *Tyto capensis*	+	文献
14. 鸱鸮科 Strigidae		
(46)鹰鸮 *Ninox scutulata*	+	文献
(47)领角鸮 *Otus bakkamoena*	+	调查
(48)领鸺鹠 *Glaucidium brodiei*	+	文献
(49)斑头鸺鹠 *Glaucidium cuculoides*	+	文献
(50)雕鸮 *Bubo bubo*	+	文献
(51)长耳鸮 *Asio otus*	+	文献

物种分类阶元	资源状况（相对多度）	数据来源
XI夜鹰目 CAPRIMULGIFORMES		
15．夜鹰科 Caprimulgidae		
（52）普通夜鹰 *Caprimulgus indicus*	+	调查
XII 雨燕目 APODIFORMES		
16．雨燕科 Apodidae		
（53）小白腰雨燕 *Apus affinis*	++	调查
XIII 佛法僧目 CORACIIFORMES		
17．翠鸟科 Alcedinidae		
（54）普通翠鸟 *Alcedo atthis*	++	调查
（55）白胸翡翠 *Halcyon smyrnensis*	+	调查
（56）斑鱼狗 *Ceryle rudis*	+	调查
18．佛法僧科 Coraciidae		
（57）三宝鸟 *Eurystomus orientalis*	+	文献
XIV 鴷形目 PICIFORMES		
19．啄木鸟科 Picidae		
（58）斑姬啄木鸟 *Picumnus innominatus*	+	文献
（59）星头啄木鸟 *Dendrocopos canicapillus*	+	文献
（60）栗啄木鸟 *Celeus brachyurus*	+	文献
（61）大拟啄木鸟 *Megalaima virens*	+	文献
（62）蚁䴕 *Jynx torquilla*	+	文献
XV雀形目 PASSERIFORMES		
20．百灵科 Alaudidae		
（63）云雀 *Alauda arvensis*	+	文献
21．燕科 Hirundinidae		
（64）家燕 *Hirundo rustica*	+++	调查
（65）金腰燕 *Hirundo daurica*	++	调查

物种分类阶元	资源状况（相对多度）	数据来源
22．鹡鸰科 Motacillidae		
（66）灰鹡鸰 *Motacilla cinerca*	+	调查
（67）白鹡鸰 *Motacilla alba*	++	调查
（68）树鹨 *Anthus hodgsoni*	+	调查
（69）山鹨 *Anthus sylvanus*	+	调查
23．山椒鸟科 Campephagidae		
（70）赤红山椒鸟 *Pericrocotus flammeus*	+	调查
（71）灰喉山椒鸟 *Pericrocotus solaris*	+	调查
（72）暗灰鹃鵙 *Coracina melaschistos*	+	文献
24．鹎科 Pycnonotidae		
（73）红耳鹎 *Pycnontus jocosus*	+++	调查
（74）白头鹎 *Pycnontus sinensis*	+++	调查
（75）白喉红臀鹎 *Pycnonotus aurigaster*	++	调查
（76）栗背短脚鹎 *Hypsipetes flavala*	++	调查
（77）黑鹎 *Hypsipetes madagscariensis*	+	调查
25．伯劳科 Laniidae		
（78）棕背伯劳 *Lanius schach*	+	调查
26．黄鹂科 Oriolidae		
（79）黑枕黄鹂 *Oriolus chinensis*	+	文献
27．椋鸟科 Sturnidae		
（80）丝光椋鸟 *Sturnus sericeus*	+	调查
（81）黑领椋鸟 *Sturnus nigricollis*	+	调查
（82）八哥 *Acridotheres cristatellus*	++	调查
28．鸦科 Corvidae		
（83）红嘴蓝鹊 *Cissa erythrorhyncha*	+	调查
（84）喜鹊 *Pica pica*	+	调查
（85）灰喜鹊 *Cyanopica cyanus*	+	文献
（86）大嘴乌鸦 *Corvus macrorhynchus*	+	调查

物种分类阶元	资源状况（相对多度）	数据来源
29. 鸫科 Turdidae		
（87）鹊鸲 *Copsychus saularis*	++	调查
（88）北红尾鸲 *Phoenicurus aurorens*	+	调查
（89）灰背燕尾 *Enicurus schistaceus*	+	调查
（90）黑背燕尾 *Enicurus leschenaulti*	+	调查
（91）紫啸鸫 *Myiophoneus caeruleus*	+	调查
（92）乌鸫 *Turdus merula*	++	调查
（93）灰背鸫 *Turdus hortulorum*	+	调查
（94）红胁蓝尾鸲 *Tarsiger cyanurus*	+	调查
（95）黑喉石䳭 *Saxicola torquata*	+	调查
30. 画眉科 Timaliidae		
（96）红头穗鹛 *Stachyris ambigua*	++	调查
（97）黑脸噪鹛 *Garrulax perspicillatus*	+	调查
（98）黑领噪鹛 *Garrulax pectoralis*	+	调查
（99）黑喉噪鹛 *Garrulax chinensis*	+	调查
（100）画眉 *Garrulax canorus*	+	调查
（101）灰眶雀鹛 *Alcippe morrisonia*	++	调查
（102）褐头雀鹛 *Alcippe cinereiceps*	+	文献
（103）白腹凤鹛 *Yuhina zantholeuca*	+	文献
（104）棕颈钩嘴鹛 *Pomatorhinus ruficollis*	+	调查
31. 扇尾莺科 Cisticolidae		
（105）棕扇尾莺 *Cisticola juncidis*	+	调查
32. 莺科 Sylviidae		
（106）长尾缝叶莺 *Orthotomus sutorius*	+++	调查
（107）黄腹鹪莺 *Prinia flaviventris*	++	调查
（108）褐头鹪莺 *Prinia inornata*	++	调查
（109）黄眉柳莺 *Phylloscopus inornatus*	+	调查
（110）黄腰柳莺 *Phylloscopus proregulus*	+	调查

物种分类阶元	资源状况（相对多度）	数据来源
（111）极北柳莺 *Phylloscopus borealis*	+	文献
（112）巨嘴柳莺 *Phylloscopus schwarzi*	+	文献
（113）褐柳莺 *Phylloscopus fuscatus*	+	文献
33．山雀科 Paridsae		
（114）大山雀 *Parus major*	+++	调查
（115）红头长尾山雀 *Aegithalos concinnus*	+	调查
34．啄花鸟科 Dicaeidae		
（116）红胸啄花鸟 *Dicaeum ignipectus*	+	调查
35．太阳鸟科 Nectarniidae		
（117）叉尾太阳鸟 *Aethopyga christinae*	+	调查
36．卷尾科 Dicruridae		
（118）黑卷尾 *Dicrurus macrocercus*	+	调查
37．绣眼鸟科 Zosteropidae		
（119）暗绿绣眼鸟 *Zosterops japonica*	+++	调查
38．文鸟科 Ploceidae		
（120）白腰文鸟 *Lonchura striata*	++	调查
（121）斑文鸟 *Lonchura punctulata*	++	调查
（122）树麻雀 *Passer montanus*	++	调查
39．燕雀科 Fringilliidae		
（123）黑尾蜡嘴雀 *Eophona migratoria*	+	调查
40．鹀科 Emberizidae		
（124）小鹀 *Emberiza pusilla*	+	调查
（125）灰头鹀 Emberiza spodocephala	+	文献
（126）黄喉鹀 Emberiza elegans	+	文献
（127）黄眉鹀 Emberiza chrysophrys	+	文献
（128）黄胸鹀 *Emberiza aureola*	+	文献
（129）栗鹀 *Emberiza rutila*	+	文献

注："+" 表示稀少；"++" 表示中等；"+++" 表示丰富。

附表2–3 佛山市爬行纲动物资源统计表

物种分类阶元	资源状况（相对多度）	数据来源
Ⅰ龟鳖目 TESTUDOFORMES		
1. 龟科 Testudinidae		
（1）乌龟 *Chinemys reevesii*	+	调查
（2）四眼斑水龟 *Sacalia quadrlocellata*	+	文献
（3）黄喉拟水龟 *Mauremys mutica*	+	文献
2. 淡水龟科 Bataguridae		
（4）中华花龟 *Ocadia sinensis*	+	文献
3. 平胸龟科 Platysternidae		
（5）平胸龟 *Platysternon megacephalum*	+	调查
4. 鳖科 Trionychidae		
（6）中华鳖 *Pelochelys sinensis*	+	调查
Ⅱ蜥蜴目 LACERTIFORMES		
5. 蜥蜴科 Lacertian		
（7）北草蜥 *Takydromus septentrionalis*	++	调查
（8）丽棘蜥 *Acanthosaura lepidogaster*	+	调查
6. 鬣蜥科 Agamidae		
（9）变色树蜥 *Calotes versicolor*	++	调查
7. 壁虎科 Gekkonidae		
（10）中国壁虎 *Gekko chinensis*	+++	调查
（11）原尾蜥虎 *Hemidactylus bowringii*	++	调查
8. 石龙子科 Scincidae		
（12）中华石龙子 *Eumeces chinensis*	+++	调查
（13）四线石龙子 *Eumeces quadrilineatus*	++	调查
（14）蓝尾石龙子 *Plestiodon elegans*	+	调查
（15）铜蜓蜥 *Sphenomorphus indicus*	+++	调查

物种分类阶元	资源状况（相对多度）	数据来源
（16）中国棱蜥 *Tropidophorus sinicus*	++	调查
（17）南滑蜥 *Scincella reevesii*	++	调查
Ⅲ 蛇目 SERPENTIFORMES		
9．蟒科 Boidae		
（18）蟒蛇 *Python molurus*	+	文献、访谈
10．盲蛇科 Typhlopidae		
（19）钩盲蛇 *Ramphotyphlops braminus*	++	调查
11．游蛇科 Coluburidae		
（20）过树蛇 *Dendrelaphis pictus*	++	调查
（21）棕脊蛇 *Achalinus rufescens*	+	调查
（22）钝尾两头蛇 *Calamaria septentrionalis*	+	调查
（23）赤链蛇 *Dinodon rufozonatum*	++	调查
（24）草腹链蛇 *Amphiesma stolata*	++	调查
（25）王锦蛇 *Elaphe carinata*	++	调查
（26）三索锦蛇 *Elaphe radiata*	+++	调查
（27）黑眉锦蛇 *Elaphe taeniura*	+++	调查
（28）紫灰锦蛇 *Elaphe porphyracea*	++	文献
（29）玉斑锦蛇 *Elaphe mandarina*	++	文献
（30）渔游蛇 *Xenochrophis piscator*	+++	调查
（31）环纹华游蛇 *Sinonatrix aequifasciata*	+	文献
（32）翠青蛇 *EuryPholis major*	+++	调查
（33）灰鼠蛇 *Ptyas korros*	+	调查
（34）滑鼠蛇 *Ptyas mucosus*	+	调查
（35）红脖颈槽蛇 *Rhabdophis subminiatus*	+++	调查
（36）紫砂蛇 *Psammodynastes pulverulentus*	+	调查
（37）乌梢蛇 *Zaocys dhumnades*	++	调查

物种分类阶元	资源状况（相对多度）	数据来源
（38）中国水蛇 *Enhydris chinensis*	+++	调查
（39）铅色水蛇 *Enhydris enhydris*	++	文献
（40）山溪后棱蛇 *Opisthotropis latouchii*	+	文献
（41）繁花林蛇 *Boiga multomaculata*	++	文献
12．眼镜蛇科 Elapidae		
（42）金环蛇 *Bungarus fasciatus*	+	调查
（43）银环蛇 *Bungarus multicinctus*	++	调查
（44）眼镜蛇 *Naja naja*	++	调查
（45）眼镜王蛇 *Ophiophagus hannah*	+	文献、访谈
13．蝰蛇科 Viperidae		
（46）尖吻蝮蛇 *Agkistrodon acutus*	+	文献
（47）原矛头蝮 *Protobothrops mucrosquamatus*	++	调查
（48）白唇竹叶青 *Trimeresurus albolabris*	++	调查

注："+" 表示稀少；"++" 表示中等；"+++" 表示丰富。

附表2-4　佛山市两栖纲资源统计表

物种分类阶元	资源状况（相对多度）	数据来源
Ⅰ 蚓螈目 GYMNOPHIONA		
1．鱼螈科 Ichthyophiidae		
（1）版纳鱼螈 *Ichthyophis bannanicus*	+	调查
Ⅱ 无尾目 SALIENTIA		
2．锄足蟾科 Pelobatidae		
（2）淡肩角蟾 *Megophrys boettgeri*	++	调查
（3）小角蟾 *Megophrys minor*	++	调查
3．蟾蜍科 Pelobatidae		
（4）中华大蟾蜍 *bufo gargarizans*	+	文献

物种分类阶元	资源状况 （相对多度）	数据来源
（5）黑眶蟾蜍 *Bufo melanostictus*	+++	调查
4．雨蛙科 Hylidae		
（6）中国雨蛙 *Hyla chinensis*	+	文献
（7）华南雨蛙 *Hyla simplex*	+	调查
5．蛙科 Ranidae		
（8）沼水蛙 *Rana guenopleura*	+++	调查
（9）泽蛙 *Rana limnocharis*	+++	调查
（10）大绿蛙 *Rana livida*	++	调查
（11）镇海林蛙 *Rana zhenhaiensis*	+	文献
（12）弹琴蛙 *Babina adenopleura*	+	文献
（13）阔褶蛙 *Rana latouchii*	+	文献
（14）花臭蛙 *Rana schmackeri*	++	调查
（15）棘胸蛙 *Rana spinosa*	++	调查
（16）虎纹蛙 *Rana tigrina*	+	文献
（17）华南湍蛙 *Amolops ricketti*	+	调查
6．树蛙科 Rhacophoridae		
（18）大泛树蛙 *Polypedatesm dennysi*	+	调查
（19）斑腿泛树蛙 *Polypedates megacephalus*	++	调查
（20）无声囊泛树蛙 *Polypedates mutus*	+++	调查
7．姬蛙科 Microhylidae		
（21）小弧斑姬蛙 *Microhyla heymonsi*	+++	调查
（22）粗皮姬蛙 *Microhyla butleri*	+++	调查
（23）饰纹姬蛙 *Microhyla ornata*	+++	调查
（24）花姬蛙 *Microhyla pulchra*	+++	调查
（25）花细狭口蛙 *Kalophrynus pleurostigma*	+++	调查
（26）花狭口蛙 *Kaloula pulchra*	+++	调查

注：“+”表示稀少；“++”表示中等；“+++”表示丰富。

附表2-5　佛山保护物种种数统计表

保护等级		哺乳纲	鸟纲	爬行纲	两栖纲	合计
国家重点保护	I级	—	—	1	—	1
	II级	2	19	—	1	22
广东省重点保护		4	10	1	2	17
三有名录		16	101	47	25	189
IUCN物种红色名录	极危（CR）	—	—	—	—	—
	濒危（EN）	2	1	3	—	6
	易危（VU）	1	—	3	—	4
	近危（NT）	1	1		—	2
CITES附录	I	—	1	2	—	3
	II	2	17	2	—	21
	III	5	1	2	—	8

附表2-6　国家Ⅰ级重点保护的野生动物名录

目	科	种
爬行纲 REPTILIA		
蛇目 SERPENTIFORMES	蟒科Boidae	1. 蟒蛇 *Python molurus bivittatus*

注：根据《国家重点保护野生动物名录》（国务院1988年12月10日批准）规定的国家重点保护野生动物所列的种类。

附表2-7　国家Ⅱ级重点保护的野生动物名录

目	科	种
哺乳纲 MAMMALIA		
鳞甲目 PHOLIDOTA	鲮鲤科 Manidae	1. 穿山甲 *Manis pentadactyla*
食肉目 CARNIVORA	灵猫科 Viverridae	2. 小灵猫 *Viverricula indica*

目	科	种
鸟纲 AVES		
隼形目 FALCONIFORMES	鹰科 Accipitridae	3. 黑冠鹃隼 *Aviceda leuphotes*
		4. 赤腹鹰 *Accipiter soloensis*
		5. 松雀鹰 *Accipiter virgatus*
		6. 黑耳鸢 *Milvus lineatus*
		7. 普通鵟 *Buteo buteo*
		8. 蛇雕 *Spilornis cheela*
		9. 鹊鹞 *Circus melanoleucos*
	隼科 Falconidae	10. 游隼 *Falco peregrinus*
		11. 红隼 *Falco tinnunculus*
鸡形目 GALLIFORMES	雉科 Phasianidae	12. 白鹇 *Lophura nycthemera*
鹃形目 CUCULIFORMES	杜鹃科 Cuculidae	13. 褐翅鸦鹃 *Centropus sinensis*
		14. 小鸦鹃 *Centropus toulou*
鸮形目 STRIGIFORMES	草鸮科 Tytonidae	15. 草鸮 *Tyto capensis*
	鸱鸮科 Strigidae	16. 鹰鸮 *Ninox scutulata*
		17. 领角鸮 *Otus bakkamoena*
		18. 领鸺鹠 *Glaucidium brodiei*
		19. 斑头鸺鹠 *Glaucidium cuculoides*
		20. 雕鸮 *Bubo bubo*
		21. 长耳鸮 *Asio otus*
两栖纲 AMPHIBIA		
无尾目 SALIENTIA	蛙科 Ranidae	22. 虎纹蛙 *Rana rugulosa*

注：根据《国家重点保护野生动物名录》(国务院1988年12月10日批准)规定的国家重点保护野生动物所列的种类。

附表2-8 广东省重点保护动物

目	科	种
哺乳纲 MAMMALIA		
食肉目 CARNIVORA	灵猫科 Viverridae	1. 食蟹獴 *Herpestes urva*
		2. 红颊獴 *Herpestes javanicus*
	猫科Felidae	3. 豹猫 *Felis bengalensis*
啮齿目 RODENTLA	豪猪科 Hystricidae	4. 豪猪 *Hystrix hodgsoni*
鸟纲 AVES		
鹳形目 CICONIIFORMES	鹭科 Ardeidae	5. 苍鹭 *Ardea cinerea*
		6. 牛背鹭 *Bubulcus ibis*
		7. 小白鹭 *Egretta garzetta*
		8. 夜鹭 *Nycticorax nycticorax*
		9. 栗苇鳽 *Ixobrychus cinnamomeus*
		10. 池鹭 *Ardeola bacchus*
		11. 绿鹭 *Butorides striatus*
鹤形目GRUIFORMES	秧鸡科 Rallidae	12. 黑水鸡 *Gallinula chloropus*
雀形目PASSERIFORMES	燕雀科 Fringilliidae	13. 黑尾蜡嘴雀 *Eophona migratoria*
	鹀科 Emberizidae	14.黄胸鹀*Emberiza aureola*
爬行纲 REPTILIA		
龟鳖目TESTUDOFORMES	平胸龟科 Platysternidae	9. 平胸龟 *Platysternon megacephalum*
两栖纲 AMPHIBIA		
无尾目SALIENTIA	蛙科Ranidae	10. 棘胸蛙 *Rana spinosa*
		11. 沼蛙 *Rana guentheri*

注：根据《广东省野生动物保护管理条例》(2002年5月31日广东省第九届人民代表大会常务委员会第二十六次会议通过)确定广东省重点保护的陆生野生动物名录。

附表2–9　佛山被列入三有名录保护动物

目	科	中文名	拉丁名
食肉目 CARNIVORA	鼬科 Mustelidae	1. 黄鼬	*Mustela sibirica*
		2. 鼬獾	*Melogale moschata*
		3. 黄腹鼬	*Mustela kathiah*
	灵猫科 Viverridae	4. 果子狸	*Paguma larvata*
		5. 食蟹獴	*Herpestes urva*
		6. 红颊獴	*Herpestes javanicus*
	猫科 Felidae	7. 豹猫	*Felis bengalensis*
兔形目 LAGOMORPHA	兔科 Leporidae	8. 华南兔	*Lepus sinensis*
啮齿目 RODENTLA	松鼠科 Sciuridae	9. 隐纹花松鼠	*Tamiops swinhoei*
		10. 红颊长吻松鼠	*Dremomys rufigenis*
	豪猪科 Hystricidae	11. 豪猪	*Hystrix hodgsoni*
	竹鼠科 Rhizomyidae	12. 中华竹鼠	*Rhizomys sinensis*
		13. 银星竹鼠	*Rhizomys pruinosus*
	鼠科 Muridae	14. 社鼠	*Rattus confucianus*
偶蹄目 RTIODACTYLA	猪科 Suidae	15. 野猪	*Sus scrofa*
	鹿科 Cervidae	16. 赤麂	*Mutiacus muntjak*
鹳形目 ICONIIFORMES	鹭科 Ardeidae	17. 苍鹭	*Ardea cinerea*
		18. 牛背鹭	*Bubulcus ibis*
		19. 小白鹭	*Egretta garzetta*
		20. 夜鹭	*Nycticorax nycticorax*
		21. 黄斑苇鳽	*Ixobrychus sinensis*
		22. 栗苇鳽	*Ixobrychus cinnamomeus*
		23. 池鹭	*Ardeola bacchus*
		24. 绿鹭	*Butorides striatus*

目	科	中文名	拉丁名
鸊鷉目 PODICIPDIFORMES	鸊鷉科 Podicipedidae	25. 小鸊鷉	*Tachybapus ruficollis*
雁形目 ANSERIFORMES	鸭科 Anatidae	26. 绿头鸭	*Anas platyrhynchos*
鸡形目GALLIFORMES	雉科 Phasianidae	27. 鹧鸪	*Francolinus pintadeanus*
		28. 鹌鹑	*Coturnix coturnix*
		29. 灰胸竹鸡	*Bambusicola thoracica*
		30. 雉鸡	*Phasianus colchicus*
鹤形目 GRUIFORMES	秧鸡科 Rallidae	31. 蓝胸秧鸡	*Rallus striatus*
		32. 白胸苦恶鸟	*Amaurornis phoenicurus*
		33. 普通秧鸡	*Rallus aquaticus*
		34. 黑水鸡	*Gallinula chloropus*
鸻形目 CHARADRIIFORMES	反嘴鹬科 Recurvirostridea	35. 黑翅长脚鹬	*Himantopus himantopus*
	鸻科 Charadriidae	36. 金眶鸻	*Charadrius dubius*
		37. 环颈鸻	*Charadrius alexandrinus*
	鹬科 Scolopacidae	38. 白腰草鹬	*Tringa ochropus*
		39. 矶鹬	*Actitis hypoleucos*
		40. 青脚鹬	*Tringa nebularia*
鸽形目 COLUMBIFORMES	鸠鸽科 Columbidae	41. 山斑鸠	*Streptopelia orientalis*
		42. 珠颈斑鸠	*Streptopelia chinensis*
		43. 绿翅金鸠	*Chalcophaps indica*
鹃形目 CUCULIFORMES	杜鹃科 Cuculidae	44. 鹰鹃	*Cuculus sparverioides*
		45. 四声杜鹃	*Cuculus micropterus*
		46. 八声杜鹃	*Cuculus merulinus*
		47. 大杜鹃	*Cuculus canorus*
		48. 噪鹃	*Eudynamys scolopacea*
夜鹰目 CAPRIMULGIFORMES	夜鹰科 Caprimulgidae	49. 普通夜鹰	*Caprimulgus indicus*

目	科	中文名	拉丁名
雨燕目 APODIFORMES	雨燕科 Apodidae	50. 小白腰雨燕	*Apus affinis*
佛法僧目 CORACIIFORMES	翠鸟科 Alcedinidae	51. 普通翠鸟	*Alcedo atthis*
	佛法僧科 Coraciidae	52. 三宝鸟	*Eurystomus orientalis*
鴷形目 PICIFORMES	啄木鸟科 Picidae	53. 斑姬啄木鸟	*Picumnus innominatus*
		54. 星头啄木鸟	*Dendrocopos canicapillus*
		55. 栗啄木鸟	*Celeus brachyurus*
		56. 大拟啄木鸟	*Megalaima virens*
		57. 蚁䴕	*Jynx torquilla*
雀形目 PASSERIFORMES	百灵科 Alaudidae	58. 云雀	*Alauda arvensis*
	燕科 Hirundinidae	59. 家燕	*Hirundo rustica*
		60. 金腰燕	*Hirundo daurica*
	鹡鸰科 Motacillidae	61. 灰鹡鸰	*Motacilla cinerca*
		62. 白鹡鸰	*Motacilla alba*
		63. 树鹨	*Anthus hodgsoni*
		64. 山鹨	*Anthus sylvanus*
	山椒鸟科 Campephagidae	65. 赤红山椒鸟	*Pericrocotus flammeus*
		66. 灰喉山椒鸟	*Pericrocotus solaris*
		67. 暗灰鹃䴗	*Coracina melaschistos*
	鹎科 Pycnonotidae	68. 红耳鹎	*Pycnontus jocosus*
		69. 白头鹎	*Pycnontus sinensis*
		70. 白喉红臀鹎	*Pycnonotus aurigaster*
		71. 栗背短脚鹎	*Hypsipetes flavala*
		72. 黑鹎	*Hypsipetes madagscariensis*
	伯劳科 Laniidae	73. 棕背伯劳	*Lanius schach*
	黄鹂科 Oriolidae	74. 黑枕黄鹂	*Oriolus chinensis*

目	科	中文名	拉丁名
雀形目 PASSERIFORMES	椋鸟科 Sturnidae	75. 丝光椋鸟	*Sturnus sericeus*
		76. 黑领椋鸟	*Sturnus nigricollis*
		77. 八哥	*Acridotheres cristatellus*
	鸦科 Corvidae	78. 红嘴蓝鹊	*Cissa erythrorhyncha*
		79. 喜鹊	*Pica pica*
		80. 灰喜鹊	*Cyanopica cyanus*
	鸫科 Turdidae	81. 鹊鸲	*Copsychus saularis*
		82. 北红尾鸲	*Phoenicurus aurorens*
		83. 灰背鸫	*Turdus hortulorum*
		84. 红胁蓝尾鸲	*Tarsiger cyanurus*
		85. 黑喉石䳭	*Saxicola torquata*
	画眉科 Timaliidae	86. 红头穗鹛	*Stachyris ambigua*
		87. 黑脸噪鹛	*Garrulax perspicillatus*
		88. 黑领噪鹛	*Garrulax pectoralis*
		89. 黑喉噪鹛	*Garrulax chinensis*
		90. 画眉	*Garrulax canorus*
		91. 灰眶雀鹛	*Alcippe morrisonia*
		92. 褐头雀鹛	*Alcippe cinereiceps*
		93. 白腹凤鹛	*Yuhina zantholeuca*
	扇尾莺科 Cisticolidae	94. 棕扇尾莺	*Cisticola juncidis*
	莺科 Sylviidae	95. 长尾缝叶莺	*Orthotomus sutorius*
		96. 黄腹鹪莺	*Prinia flaviventris*
		97. 褐头鹪莺	*Prinia inornata*
		98. 黄眉柳莺	*Phylloscopus inornatus*
		99. 黄腰柳莺	*Phylloscopus proregulus*
		100. 极北柳莺	*Phylloscopus borealis*
		101. 巨嘴柳莺	*Phylloscopus schwarzi*
		102. 褐柳莺	*Phylloscopus fuscatus*

目	科	中文名	拉丁名
雀形目 PASSERIFORMES	山雀科 Paridsae	103. 大山雀	*Parus major*
		104. 红头长尾山雀	*Aegithalos concinnus*
	啄花鸟科 Dicaeidae	105. 红胸啄花鸟	*Dicaeum ignipectus*
	太阳鸟科 Nectarniidae	106. 叉尾太阳鸟	*Aethopyga christinae*
	卷尾科 Dicruridae	107. 黑卷尾	*Dicrurus macrocercus*
	绣眼鸟科 Zosteropidae	108. 暗绿绣眼鸟	*Zosterops japonica*
	文鸟科 Ploceidae	109. 斑文鸟	*Lonchura punctulata*
		110. 树麻雀	*Passer montanus*
	燕雀科 Fringilliidae	111. 黑尾蜡嘴雀	*Eophona migratoria*
	鹀科 Emberizidae	112. 小鹀	*Emberiza pusilla*
		113. 灰头鹀	*Emberiza spodocephala*
		114. 黄喉鹀	*Emberiza elegans*
		115. 黄眉鹀	*Emberiza chrysophrys*
		116. 黄胸鹀	*Emberiza aureola*
		117. 栗鹀	*Emberiza rutila*
龟鳖目 TESTUDOFORMES	龟科 Testudinidae	118. 乌龟	*Chinemys reevesii*
		119. 四眼斑水龟	*Sacalia quadrlocellata*
		120. 黄喉拟水龟	*Mauremys mutica*
	淡水龟科 Bataguridae	121. 中华花龟	*Ocadia sinensis*
	平胸龟科 Platysternidae	122. 平胸龟	*Platysternon megacephalum*
	鳖科 Trionychidae	123. 中华鳖	*Pelochelys sinensis*

目	科	中文名	拉丁名
蜥蜴目 LACERTIFORMES	蜥蜴科 Lacertian	124. 北草蜥	*Takydromus septentrionalis*
		125. 丽棘蜥	*Acanthosaura lepidogaster*
	鬣蜥科 Agamidae	126. 变色树蜥	*Calotes versicolor*
	壁虎科 Gekkonidae	127. 中国壁虎	*Gekko chinensis*
		128. 原尾蜥虎	*Hemidactylus bowringii*
	石龙子科 Scincidae	129. 中华石龙子	*Eumeces chinensis*
		130. 四线石龙子	*Eumeces quadrilineatus*
		131. 蓝尾石龙子	Plestiodon elegans
		132. 铜蜓蜥	*Sphenomorphus indicus*
		133. 中国棱蜥	*Tropidophorus sinicus*
		134. 南滑蜥	*Scincella reevesii*
蛇目 SERPENTIFORMES	盲蛇科 Typhlopidae	135. 钩盲蛇	*Ramphotyphlops braminus*
	游蛇科 Coluburidae	136. 过树蛇	*Dendrelaphis pictus*
		137. 棕脊蛇	*Achalinus rufescens*
		138. 钝尾两头蛇	*Calamaria septentrionalis*
		139. 赤链蛇	*Dinodon rufozonatum*
		140. 草腹链蛇	*Amphiesma stolata*
		141. 王锦蛇	*Elaphe carinata*
		142. 三索锦蛇	*Elaphe radiata*
		143. 黑眉锦蛇	*Elaphe taeniura*
		144. 紫灰锦蛇	*Elaphe porphyracea*
		145. 玉斑锦蛇	*Elaphe mandarina*
		146. 渔游蛇	*Xenochrophis piscator*

目	科	中文名	拉丁名
蛇目 SERPENTIFORMES	游蛇科 Coluburidae	147. 环纹华游蛇	*Sinonatrix aequifasciata*
		148. 翠青蛇	*EuryPholis major*
		149. 灰鼠蛇	*Ptyas korros*
		150. 滑鼠蛇	*Ptyas mucosus*
		151. 红脖颈槽蛇	*Rhabdophis subminiatus*
		152. 紫砂蛇	*Psammodynastes pulverulentus*
		153. 乌梢蛇	*Zaocys dhumnades*
		154. 中国水蛇	*Enhydris chinensis*
		155. 铅色水蛇	*Enhydris enhydris*
		156. 山溪后棱蛇	*Opisthotropis latouchii*
		157.繁花林蛇	*Boiga multomaculata*
	眼镜蛇科 Elapidae	158. 金环蛇	*Bungarus fasciatus*
		159. 银环蛇	*Bungarus multicinctus*
		160. 眼镜蛇	*Naja naja*
		161. 眼镜王蛇	*Ophiophagus hannah*
	蝰蛇科 Viperidae	162. 尖吻蝮蛇	*Agkistrodon acutus*
		163. 原矛头蝮	*Protobothrops mucrosquamatus*
		164. 白唇竹叶青	*Trimeresurus albolabris*
蚓螈目 GYMNOPHIONA	鱼螈科 Ichthyophiidae	165. 版纳鱼螈	*Ichthyophis bannanicus*
无尾目 SALIENTIA	锄足蟾科 Pelobatidae	166. 淡肩角蟾	*Megophrys boettgeri*
		167. 小角蟾	*Megophrys minor*
	蟾蜍科 Pelobatidae	168. 中华大蟾蜍	*bufo gargarizans*
		169. 黑眶蟾蜍	*Bufo melanostictus*
	雨蛙科 Hylidae	170. 中国雨蛙	*Hyla chinensis*
		171. 华南雨蛙	*Hyla simplex*

目	科	中文名	拉丁名
无尾目 SALIENTIA	蛙科Ranidae	172. 沼水蛙	*Rana guenopleura*
		173. 泽蛙	*Rana limnocharis*
		174. 大绿蛙	*Rana livida*
		175. 镇海林蛙	*Rana zhenhaiensis*
		176. 弹琴蛙	*Babina adenopleura*
		177. 阔褶蛙	*Rana latouchii*
		178. 花臭蛙	*Rana schmackeri*
		179. 棘胸蛙	*Rana spinosa*
		180. 华南湍蛙	*Amolops ricketti*
	树蛙科 Rhacophoridae	181. 大泛树蛙	*Polypedatesm dennysi*
		182. 斑腿泛树蛙	*Polypedates megacephalus*
		183. 无声囊泛树蛙	*Polypedates mutus*
	姬蛙科 Microhylidae	184. 小弧斑姬蛙	*Microhyla heymonsi*
		185. 粗皮姬蛙	*Microhyla butleri*
		186. 饰纹姬蛙	*Microhyla ornata*
		187. 花姬蛙	*Microhyla pulchra*
		188. 花细狭口蛙	*Kalophrynus pleurostigma*
		189. 花狭口蛙	*Kaloula pulchra*

注：根据《国家保护的有益的或者有重要经济、科学研究价值的陆生野生动物名录》(简称三有名录，国家林业局第7号令，2000年5月制定，2000年8月1日发布实施)。

暗绿绣眼鸟

八哥

白喉红臀鹎

白鹭

白头鹎

白眼潜鸭

白腰草鹬

白腰文鸟

斑头鸺鹠

斑文鸟

斑鱼狗

北红尾鸲

苍鹭

叉尾太阳鸟

池鹭

纯色山鹪莺

凤头潜鸭

褐翅鸦鹃

褐柳莺

黑翅鸢

黑卷尾

黑领椋鸟

黑水鸡

红耳鹎

红隼

红胁蓝尾鸲

黄腹鹨

黄腹山鹪莺

黄眉柳莺

黄苇鳽

黄腰柳莺

灰鹡鸰

灰椋鸟

矶鹬

家燕

理氏鹨

栗苇鳽

林鹬

鸬鹚

麻雀

普通翠鸟

鹊鸲

扇尾沙锥

树鹨

丝光椋鸟

乌鸫

小鷿鷉

叶鹭

蚁䴕

长尾缝叶莺

珠颈斑鸠

棕背伯劳

棕扇尾莺

黑桫椤

见血封喉

见血清

美冠兰

线柱兰